수빠맨

7 곱셈 나눗셈으로 요리를 뚝딱

곱셈과 나눗셈 심화
·
분수 기초

글 테크노사이언스 · 그림 아그네세 바루치

디션
어린이

놀면서 즐겁게 배우는 수학?
할 수 있습니다. 반드시 해야 합니다!

아이들이 수학을 꾸준히 공부하려면, 어릴 때부터 즐겁게, 그리고 쉽게 배워야 합니다. 즐거움은 학습의 강력한 동기가 되며, 높은 성취감을 심어 주기 때문입니다. 하지만 막상 수학을 어떻게 재미있게 가르쳐야 할지 엄두가 나지 않지요. 그런 고민이 있는 부모님들을 위해, 즐겁게 수학을 배울 수 있는, 미치도록 재미있는 수학 교재 〈수빠맨〉을 준비했습니다.

수학에 빠진 전 세계 아이들이 맨 처음 선택한 기초 교재, 〈수빠맨〉은 재미있고 흥미진진한 이야기를 초등 수학의 네 가지 학습 영역으로 구성하여, 다채로운 수학 문제 풀이 활동을 할 수 있도록 했습니다. 여러 가지 수학 놀이 활동을 하는 동안, 초등 수학 전 과정에 걸쳐 핵심 개념을 습득할 수 있습니다.

이 책은 단원마다 짧은 이야기에서부터 시작합니다. 기발하면서도 재미난 상상이 가득한 이야기를 읽고 이야기와 긴밀하게 이어져 있는 수학 문제를 풀어 나가면서 수학 독해력을 기르는 훈련을 하게 되지요. 더 나아가 생활과 수학이 밀접하게 연관되어 있다는 것을 체득하며 수학에 대한 호기심과 흥미가 자연스럽게 생길 것입니다.

〈수빠맨〉은 수학 개념을 무작정 외우는 대신, 아이들 스스로 수학 개념을 익힐 수 있도록 설계했습니다. 책에 있는 여러 수학 활동들을 아이들 '스스로' 할 수 있도록 도와주세요. 스스로 문제를 해결해 가면서 수학에 대한 자신감을 기를 수 있을 테니까요.

•기다려 주세요!

아이가 문제를 풀 때까지 시간이 오래 걸릴 수 있습니다. 또 책을 다 풀지 않고 중간에 덮어 버리거나, 어떤 문제는 건너뛸 수도 있습니다. 그것만으로 수학을 포기했다고 단정하지 마세요. 그저 아이를 믿고 기다려 주세요.

•답을 알려 주는 대신, 질문을 하세요!

아이들이 어떻게 풀어야 하는지, 답이 무엇인지 모르겠다고 했을 때 바로 답을 알려 주지 마세요. 대신 질문을 통해 아이들을 정답으로 유도해 주세요. 문제를 다시 잘 읽어 보도록 독려하거나, 막힌 부분이 무엇인지 물어보고 아이 스스로 답을 찾아 나갈 수 있도록 도와주세요.

•수학 문제 해결의 첫 단계는 이해라는 점을 잊지 마세요!

수학 공부를 막 접하는 초등 저학년일수록 문제만 읽고 무턱대고 계산하거나 문제 푸는 공식만 외지 않도록 주의해야 합니다. 대신 한 문제를 풀더라도 아이가 문제를 제대로 이해할 수 있도록 시간을 충분히 주세요. 또한 아이들이 수학 문제의 답을 잘 맞히는 것보다, 문제를 어떻게 풀었는지 설명하는 것을 습관화할 수 있게 도와주세요. 어떤 풀이 과정을 거쳐 답을 구했는지 아는 것이 가장 중요합니다.

•생활에서 수학을 찾아보세요!

아이들이 생활 속에서 수를 발견하도록 도와주세요. 여러 활동을 하는 동안 수학이 언제, 어떻게 쓰이는지 물어보고 이야기해 주세요. 이 책을 읽고 난 뒤에는 생활에서 수학이 어떻게 적용되고 실현되는지 아이와 함께 찾아보세요.

초등학생을 위한 최고의 수학 학습서 <수빠맨>

우리가 늘 해 온, 익숙한 수학 공부는 어떤 형태일까요? 여러 가지 수학적 개념과 공식을 외우고 이해하는 것, 그리고 그 이해를 바탕으로 이런저런 문제를 푸는 것을 떠올릴 수 있습니다. 하지만 초등학생에게 그와 같은 학습 방법을 그대로 적용하는 게 반드시 옳지는 않습니다. 그러한 정통의 수학 학습법은 조금 나중에 한다고 하더라도 늦지 않습니다. 수학을 이제 막 시작하는 초등학생은 수학과 친숙해지는 방식으로 공부하는 것이 훨씬 더 중요합니다.

시중에는 연산 훈련을 하는 교재나 부모님과 아이가 함께 공부할 수 있는 수학 교재가 많이 있습니다. 처음 출판사에서 초등학생을 대상으로 수학책을 펴낸다고 들었을 때 기존에 있는 다른 책들과 무엇이 다를까 궁금했습니다. 그리고 이 책을 살펴보고 나니 확신할 수 있었습니다. <수빠맨>은 아주 특별한 책이라는 것을 말입니다. 이 책은 조금만 살펴보아도 어떻게 전 세계 어린이들의 마음을 사로잡았는지 알 수 있습니다. 아이들의 시선을 끄는 캐릭터와 함께 다양한 환경에서 일어나는 재미있는 이야기들로 가득 차 있는 책이거든요.

<수빠맨>은 평범하고 시시한 수학 학습서가 아닙니다. 등장하는 캐릭터와 이들이 끌어가는 이야기가 재미있기도 하지만 무엇보다도 수학적인 내용이 알찹니다. 수와 연산, 도형과 측정, 규칙과 추론 등 초등학교 수학 교육 과정에 등장하는 필수적인 내용이 충실하게 담겨 있습니다. 아이들은 이 책을 펼쳐 여러 가지 수학 활동을 하는 동안 자연스러운 사고 흐름에 따라 마치 게임을 하듯 공부할 수 있습니다. 높은 수준의 집중력을 발휘하지 않더라도 퀴즈를 풀고, 도형과 전개도를 오리고, 스티커를 붙이면서 수학적 개념을 이해하고 문제를 해결할 수 있도록 구성되어 있습니다.

이 책은 단원마다 짧은 이야기에서부터 시작합니다. 기발하면서도 재미난 상상이 가득한 이야기를 읽고 이야기와 긴밀하게 이어진 수학 문제를 풀어 나가면서 수학 독해력을 기르는 훈련을 할 수 있습니다. 여러 가지 이야기들을 통해 수학이 생활과 밀접하게 연관되어 있다는 것을 체득하며 수학에 호기심과 흥미가 자연스럽게 생길 수 있도록 돕습니다.

초등학교 때에는 수학을 꼭 남들보다 더 잘할 필요는 없습니다. 수학과 친해지고 수학에 대한 자신감을 가지는 것이 수학 문제를 잘 푸는 것보다 더 중요합니다. 학습 진도를 정규 과정보다 많이 앞서 나가지 않아도 됩니다. 호기심과 집중력을 가지고 공부하기만 하면 수학은 아주 재미있는 공부라는 것, 열심히 하면 나도 수학을 잘할 수 있다는 것을 느끼게 해 주면 됩니다. 수학에 흥미와 자신감이 있으면 때때로 너무 어려운 문제가 나오더라도 쉽게 포기하지 않고 문제를 스스로 해결하기 위해 부딪히고 애쓸 힘이 생깁니다.

그런 의미에서 〈수빠맨〉은 초등학생들을 위한 최고의 수학 학습서 중 하나라고 확신합니다. 아이 스스로, 또는 부모와 함께 〈수빠맨〉으로 재미있게 수학 공부를 하다 보면 저절로 수학과 친해질 것입니다.

송용진
(수학자, 인하대학교 명예 교수)

한국을 대표하는 위상수학자입니다. 서울대학교 수학과를 졸업하고 미국 오하이오주립대에서 박사학위를 받았습니다. 오랫동안 영재교육과 수학올림피아드에 대한 일을 해 왔으며 지금은 국제수학올림피아드 선출직 위원(IMO BOARD MEMBER)으로 활동하고 있습니다. 쓴 책으로 《수학은 우주로 흐른다》, 《영재의 법칙》, 《수학자가 들려주는 진짜 논리 이야기》 등이 있습니다.

45 : 3
44
3 x 1

25

여러 가지 방법으로 곱셈과 나눗셈을 연습해 보아요.
다양한 문제를 해결하면서
곱셈과 나눗셈의 관계를 깨우칠 수 있습니다.
또한 이번 권에서는 분수를 배울 수 있습니다.
분수는 전체에 대한 부분의 크기를 나타내는 수입니다.
다양한 물체를 똑같이 나누어 보고
단위분수가 무엇인지도 알아보며
분수의 개념을 익혀 봐요.

10 : 2

요리사가 아파요

매기 아줌마는 나누리 마을의 유명한 요리사랍니다. 그런데 너무 바빠서 병이 났어요. 오늘은 쉬어야 한다는 의사 선생님의 처방을 따르기로 했지요.

심슨 아저씨가 아내인 매기 아줌마를 대신해서 요리하기로 결심했어요. 심슨 아저씨는 열정이 가득하지만, 요리를 제대로 해 본 적은 한 번도 없답니다. 다행히 아빠를 도우려고 딸 파미와 아들 파비가 왔어요. 하지만 세 사람의 능력만으로는 부족해요. 나누리 마을의 최고 요리사가 만든 음식을 맛보기 위해 지금도 주문이 밀려들고 있거든요.

여러분, 심슨 아저씨와 파미, 파비를 도와주세요!

조리 모자를 쓰고, 연필과 지우개, 연습장을 준비하세요. 준비가 끝났나요?

그럼, 주방으로 들어갑시다!

손님들은 근사한 '수학 정식'을 가장 좋아해요.

'수학 정식'은 매기 아줌마가 개발한 메뉴인데, 입맛을 돋우는 '건강 샐러드', '달콤한 푸딩', '마음을 나누는 머랭'이 순서대로 나와요. 그중에서도 일품은 '마음을 나누는 머랭'이죠.

조금 어려운 레시피도 있지만, 걱정하지 마세요. 수학 계산에 시간이 좀 걸려도 차근차근히 하다 보면 답을 구할 수 있듯이, 요리도 레시피를 순서대로 따라 하면 근사한 요리가 나올 테니까 말이죠.

모르는 것은 언제든지 파미와 파비가 알려 줄 거예요. 우리가 함께라면 맛있는 요리를 만들 수 있어요.

요리하기 전 준비할 것들

"이런, 진짜 늦었잖아!"

행복한 꿈을 꾸던 심슨 아저씨는 요란한 알람 소리에 벌떡 일어나 레스토랑 주방으로 달려 갔어요. 이 주방의 주인은 매기 아줌마지만, 오늘 하루만큼은 심슨 아저씨가 요리를 대신해 야 해요. 주방에 들어서니 여러 가지 크기의 냄비, 용도를 알 수 없는 조리 도구, 수많은 버튼 이 있는 오븐이 있었어요.

잠시 뒤, 파미와 파비가 기지개를 켜며 주방으로 들어왔어요.

"아빠, 여기서 뭐 하세요?"

"오늘은 내가 요리사다!" 심슨 아저씨가 우렁차게 답했지요.

"하지만 아빠… 아빠는 요리의 'ㅇ' 자도 모르잖아요."

"나도 알아! 그렇지만 엄마는 너무 힘들어서 병이 난 거야. 나도 도움이 되고 싶다고."

잔뜩 풀이 죽은 심슨 아저씨의 모습에, 파비는 잠시 고민하더니 파미에게 눈짓했어요.

"아빠, 저희가 도울게요. 우리가 힘을 합쳐 엄마만큼 근사한 요리를 만들어 보자고요."

요리 비법책

스티커는 본문 뒤에 있어요.

"이것 봐! 엄마가 요리 비법 책에 우리가 해야 하는 요리의 비법이 적힌 쪽수를 표시해 두셨어. 이 수학 문제를 풀어서 요리 비법 쪽수를 알아내자."
아래 수학 문제를 풀어서 요리 비법 쪽수를 구해 보세요.
책 뒤의 정답 스티커를 찾아 빈 곳에 붙여 주면 돼요.

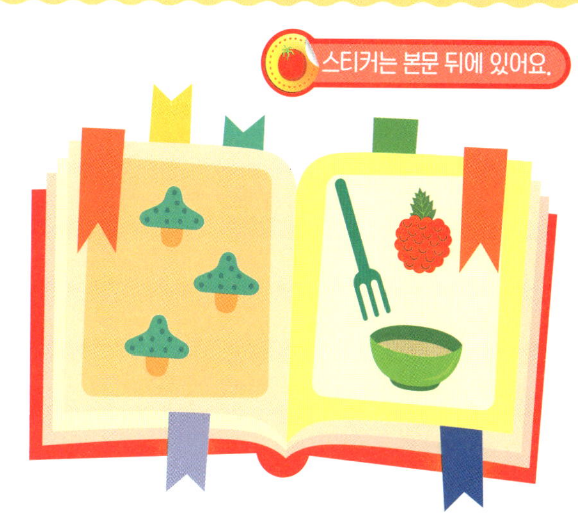

$21 \times 4 =$

$50 \div 5 =$

$210 \div 3 =$

$16 \times 6 =$

$72 \div 2 =$

$33 \times 3 =$

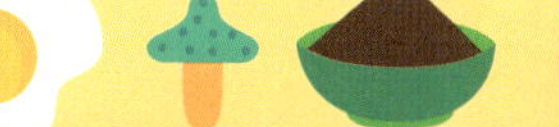

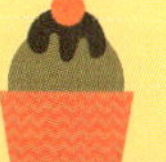

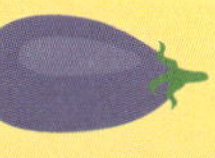

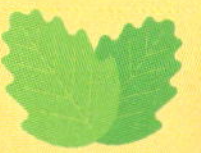

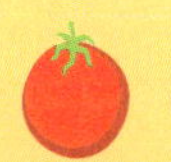

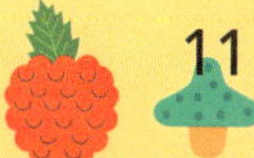

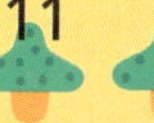

재료 확인!

창고에는 엄청나게 큰 선반이 있어요.
그 안에 요리 재료가 가득하답니다.
파미와 함께 요리 재료가 얼마나 있는지
곱셈을 이용해서 아래 목록을 채워 주세요.

설탕	피망	밀가루 반죽
딸기	바나나	양파
달걀	당근	식초
토마토	올리브유	딸기
올리브		

소금 / 모짜렐라 치즈 / 딸기 / 바나나 / 양상추 / 올리브

레몬 / 샐러리 / 달걀 / 소금

토마토 / 감자 / 모짜렐라 치즈 / 레몬 / 식초 / 양상추

양파 / 모짜렐라 치즈 / 식초 / 당근 / 감자 / 올리브

- 설탕: 3 × 1 = 3
- 올리브: 2 × 3 = 6
- 피망: 1 × 1 = 1
- 밀가루 반죽: 1 × 1 = 1
- 딸기: __________
- 바나나: __________
- 양파: __________
- 달걀: __________
- 당근: __________
- 식초: 1 × 3 = 3
- 올리브유: 1 × 1 = 1
- 토마토: 2 × 2 = 4
- 소금: __________
- 모짜렐라 치즈: __________
- 양상추: __________
- 레몬: 3 × 2 = 6
- 샐러리: 2 × 1 = 2
- 감자: __________

지금 식량 창고에 있는 재료로 할 수 있는 요리는 무엇일까요?
작성한 재료 목록을 보고 지금 할 수 있는 요리에 별 스티커를 붙여 주세요.

건강 샐러드

샐러리 2개
올리브 4알
양상추 2개
피망 1개
양파 1개
레몬 1개

달콤한 푸딩

당근 4개
모짜렐라 치즈 3덩이
감자 2개
달걀 5개

분수를 아느냐 채소 구이

당근 8개
토마토 2개
감자 3개
양파 1개

폭신폭신 케이크

파프리카 1개
달걀 12개
모짜렐라 치즈 2덩이
감자 2개
버터 1 조각

마음을 나누는 머랭

달걀 4개
설탕 3팩
레몬 1개

바삭한 파이

밀가루 반죽 1덩이
모짜렐라 치즈 5개
토마토 2개
설탕 5팩

비타민 가득 과일 꼬치

딸기 20개
레몬 1개
키위 2개
설탕 6팩
파인애플 1개
바나나 3개

조리 도구 찾기

"내가 '달콤한 푸딩'을 만들어 보겠어."
심슨 아저씨는 요리 비법 책에서 조리법이 적힌 페이지를 펼쳤어요.
하지만 얼마 지나지 않아 심슨 씨의 얼굴은 창백해졌죠.
"맙소사, 푸딩 만드는 게 이렇게 복잡하다고?"
아래 문제를 풀고, 어떤 조리 도구를 사용해야 하는지
심슨 씨에게 알려 주세요.

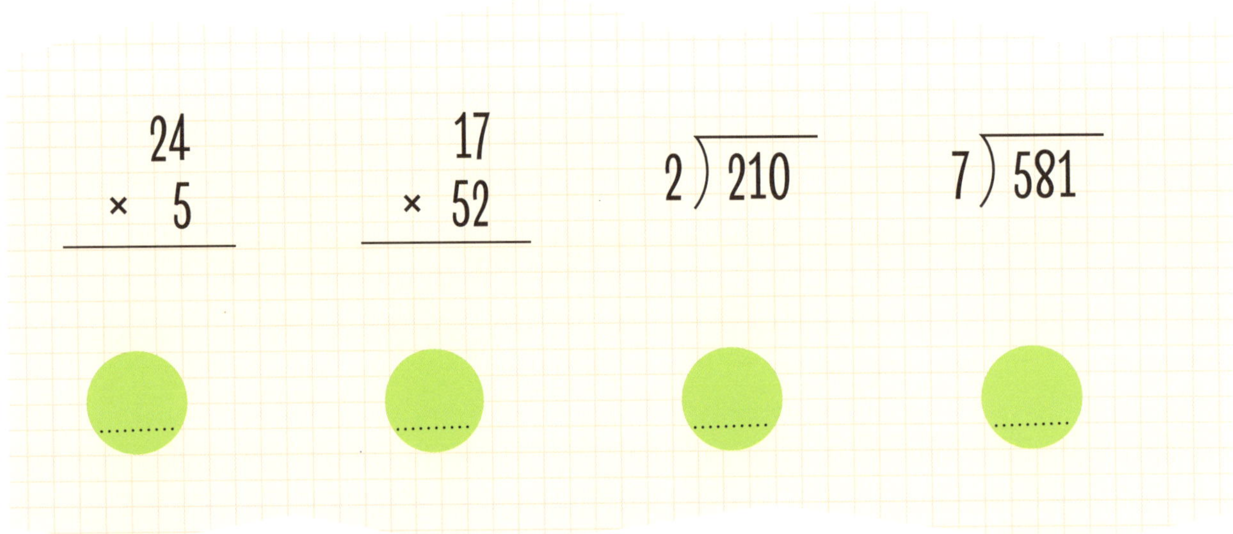

$$24 \times 5 \qquad 17 \times 52 \qquad 2 \overline{)210} \qquad 7 \overline{)581}$$

주방 지도

"그릇은 대체 어디 있지?"
아래에 있는 매기 아줌마의 주방 지도와 힌트를 보고,
심슨 씨가 네 가지 찬장에 가서 그릇을 찾을 수 있도록 도와주세요.

> **힌트**
> 초록색 찬장으로 가려면, 5의 배수를 따라 가요. 길을 초록색으로 칠해요.
> 노란색 찬장으로 가려면, 2의 배수를 따라 가요. 길을 노란색으로 칠해요.
> 파란색 찬장으로 가려면, 7의 배수를 따라 가요. 길을 파란색으로 칠해요.
> 빨간색 찬장으로 가려면, 3의 배수를 따라 가요. 길을 빨간색으로 칠해요.

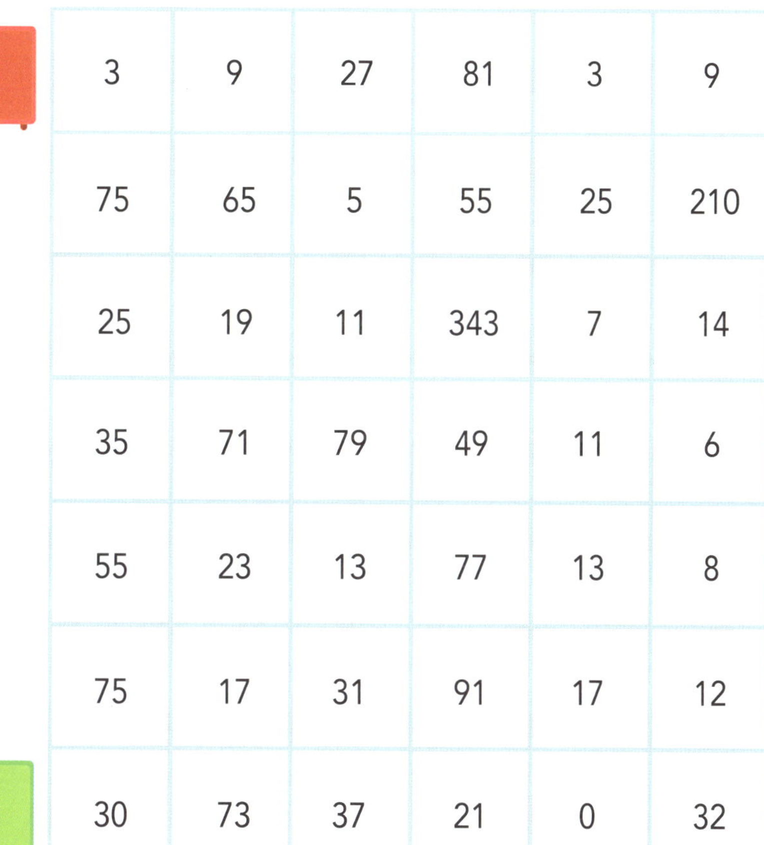

3	9	27	81	3	9
75	65	5	55	25	210
25	19	11	343	7	14
35	71	79	49	11	6
55	23	13	77	13	8
75	17	31	91	17	12
30	73	37	21	0	32

개념 확인

5의 배수는 5를 1배, 2배, 3배 … 한 수를 말해요.
즉, 5의 배수는 5로 나누어떨어지는 수와 같아요.

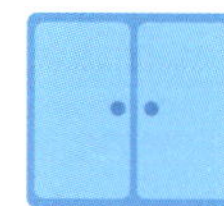

조리법이 이상해!

이런! '바삭한 파이'의 레시피가 잘못 적혀 있었나 봐요.
심슨 아저씨가 조리법을 바르게 고치도록 도와주세요!
나눗셈의 몫에 맞게 틀린 말에 줄을 긋고 알맞은 말로 고쳐 주세요.

모든 것을 27 ÷ 3 = 10 냉장고에 넣으세요.
　　　　　　　　　　　9　　오븐에

25 ÷ 5 = 8 빵 반죽을 뿌리세요.

빵 반죽에 21 ÷ 7 = 13 빵틀을 같은 크기로 잘라 올립니다.

72 ÷ 9 = 11 토마토를 동그랗게 마세요.

66 ÷ 6 = 5 로즈마리를 같은 방법으로 올려 주세요.

다시 고쳐 써 봅시다.

- 모든 것을 오븐에 넣으세요.
- ＿＿＿＿＿ 를 뿌리세요.
- 빵 반죽에 ＿＿＿＿＿ 를 같은 크기로 잘라 올립니다.
- ＿＿＿＿＿ 을 동그랗게 마세요.
- ＿＿＿＿＿ 를 같은 방법으로 올려 주세요.

문장을 알맞게 고쳤군요!
이제 조리법의 순서를 알맞게 배열할 차례예요. 조리법의 순서를 알아내려면
곱셈과 나눗셈 문제를 풀어서 정답이 적힌 문장을 차례대로 쓰면 된답니다.

$36 \div 3 =$ ___ 빵 반죽에 모짜렐라 치즈를 같은 크기로 잘라 올립니다.

$9 \times 9 =$ ___

$112 \div 7 =$ ___

$85 \div 5 =$ ___

$108 \div 2 =$ ___

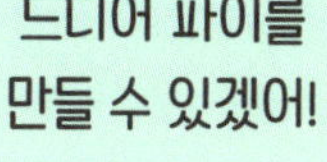

12 빵 반죽에 모짜렐라 치즈를 같은 크기로 잘라 올립니다.

81 토마토를 같은 방법으로 올려 주세요.

17 로즈마리를 뿌리세요.

54 모든 것을 오븐에 넣으세요.

16 빵 반죽을 동그랗게 마세요.

머랭과 샐러드 만들 준비하기

파미는 아빠와 '건강 샐러드'와 '마음을 나누는 머랭'을 준비할 거예요.
아래 연산 퍼즐을 모두 풀면 요리 도구를 얻을 수 있어요. 퍼즐의 빈칸을 채워 보세요.

달걀의 비율

"머랭을 만들려면 달걀에서 흰자만 분리해야 해!"
파미가 달걀 깨는 걸 도와주세요!
달걀에 쓰인 숫자를 2로 나누면 달걀이 깨질 거예요.
정답을 구했다면, 스티커를 찾아 달걀에 붙여 주세요.

이제 달걀 흰자와 노른자를 분리할 차례예요.

연필을 들고, 달걀에서 흰자는 몇 분의 몇인지 알아보세요.

첫 번째 달걀 $\frac{1}{10}$ 은 껍질이고, $\frac{3}{10}$ 은 노른자예요. 흰자는 얼마나 될까요?

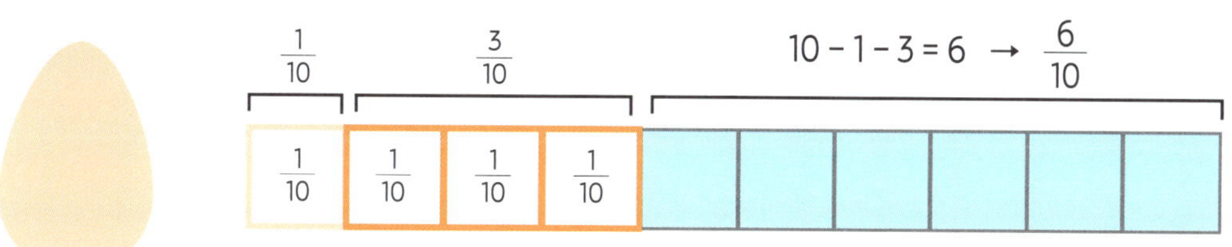

두 번째 달걀 $\frac{2}{10}$ 는 껍질이고, $\frac{4}{10}$ 는 노른자예요. 흰자는 얼마나 될까요?

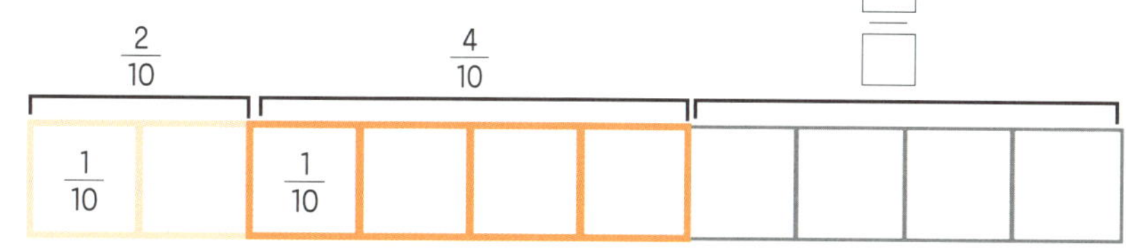

세 번째 달걀 $\frac{1}{10}$ 은 껍질이고, $\frac{1}{10}$ 은 노른자예요. 흰자는 얼마나 될까요?

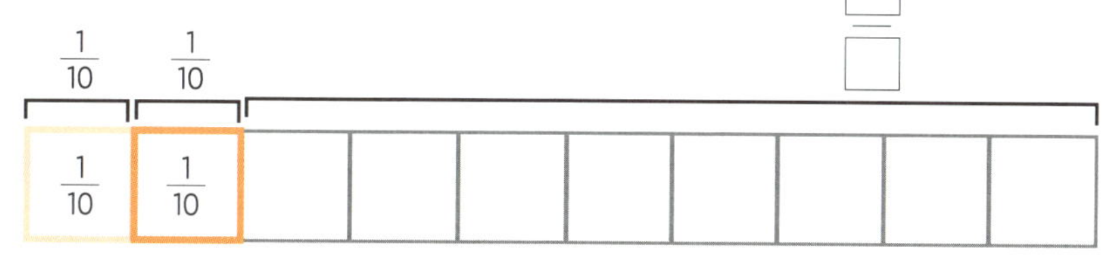

숟가락이 필요해!

손님에게 내놓을 숟가락을 씻어야 해요!
숟가락 설거지는 간단하지만, 바닥에 물이 튀지 않아야 해요.
빈칸에 알맞은 수를 채우고, 마지막 계산 결과에 알맞은
스티커를 찾아 붙이세요.

싱크대에 물 채우기

"아빠, 채소를 씻게 싱크대에 물을 좀 채워 주세요."
파미가 채소를 꺼내며 말했어요.
화살표를 따라 차례로 이어서 계산한 다음, 문제를 푼 칸을 파란색으로 칠하세요.

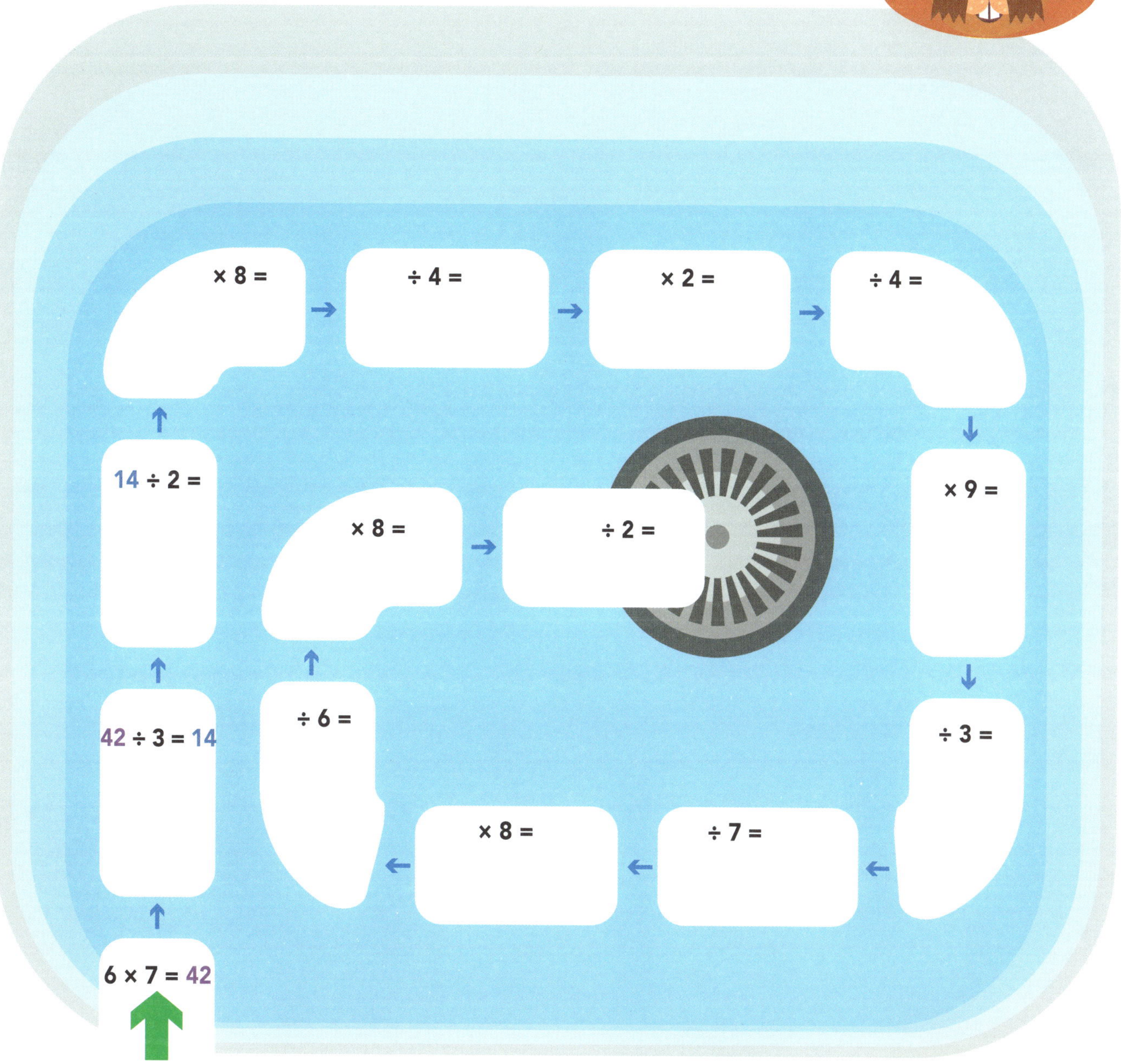

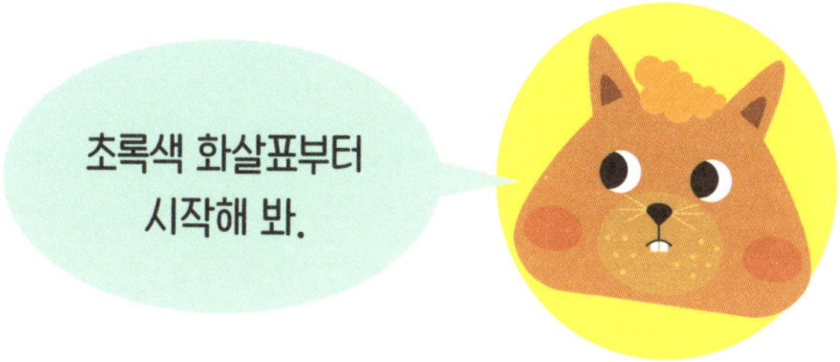

× 8 =　　÷ 4 =　　× 2 =　　÷ 4 =

14 ÷ 2 =

× 8 =　　÷ 2 =

× 9 =

42 ÷ 3 = 14

÷ 6 =

÷ 3 =

× 8 =　　÷ 7 =

6 × 7 = 42

채소 씻기

양상추는 먼저 잎을 하나하나 떼어 흐르는 물에 씻어야 해요.
그리고 각 잎에 적힌 문제를 풀면 양상추 씻기는 끝나요.
정답이 적힌 스티커를 잎 위에 붙여 주세요.

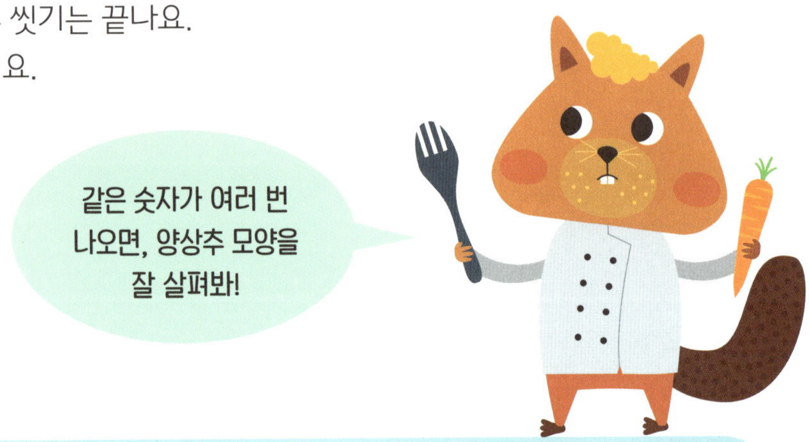

$146 \div 2 =$

$25 \times 6 =$

$39 \div 3 =$

$135 \div 5 =$

$22 \times 4 =$

$13 \times 5 =$

$54 \div 6 =$

$9 \times 9 =$

$48 \div 4 =$

$84 \div 7 =$

$32 \div 2 =$

$16 \times 3 =$

채소 물 털어 내기

채소를 씻었으면 물을 빠르게 털어 내야죠!
보기를 잘 보고 규칙을 찾아서 탈수기의 빈칸들을 채워요.
구구단표가 필요하면 미리 가져다 두고! 자, 하나, 둘, 셋, 탈수 시작!

보기

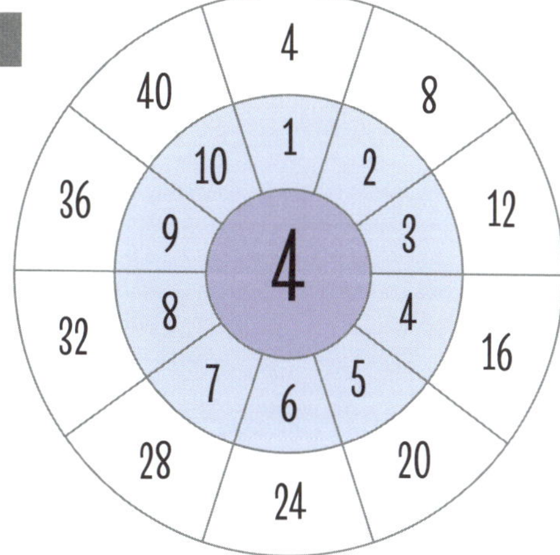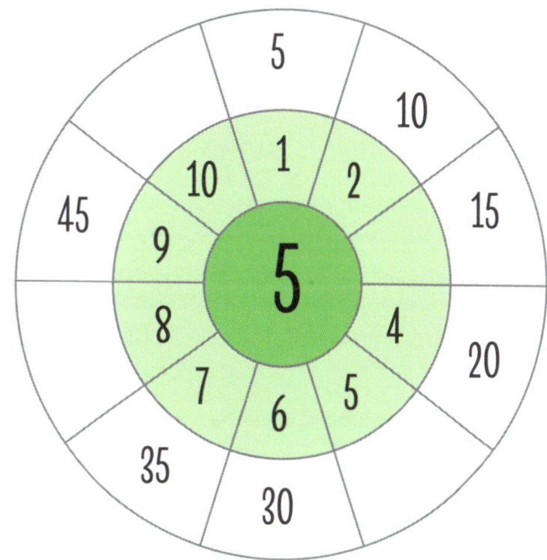

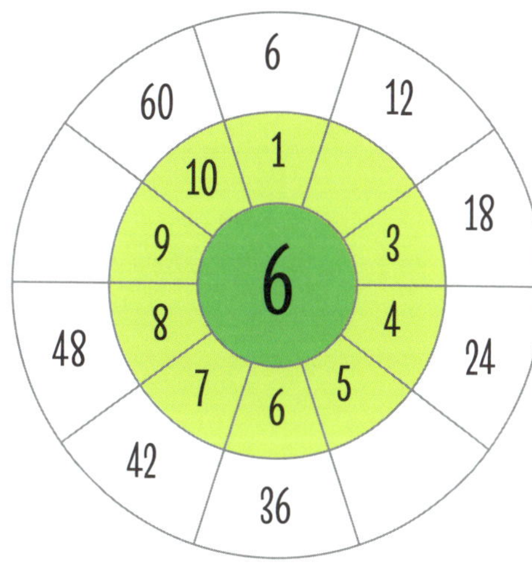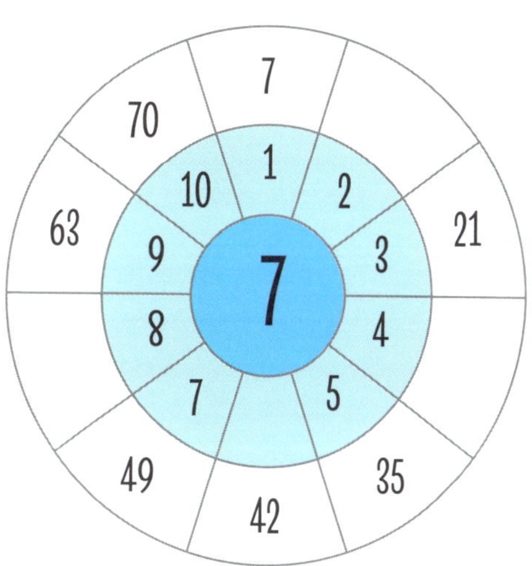

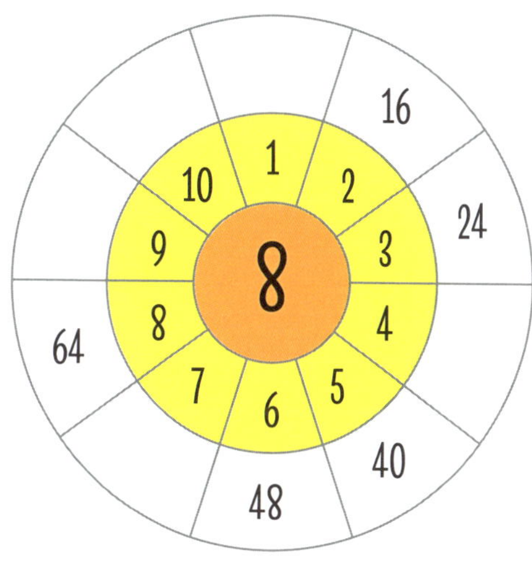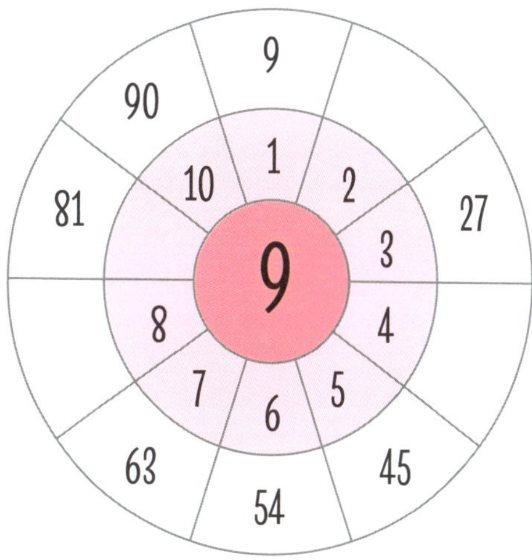

최고의 요리를 만들자!

"아빠! 우리 함께 최고의 요리를 만들어 봐요."

파비가 자신감 넘치는 목소리로 말했어요.

"좋아, 파비!"

심슨 아저씨가 요리를 시작하려던 참이었어요.

파미가 도마에 당근, 샐러리를 놓고 썰려고 해요.

"파미! 위험하잖니. 아빠에게 맡기렴."

"아빠, 나도 이제 다 컸다구요! 걱정 마세요."

파미는 빠르게, 그러면서도 잘린 조각들의 크기가 균일하게 당근을 썰었어요.

"칼질은 어디서 배웠니? 나는 네게 요리를 가르쳐 준 적이 없는데…."

심슨 아저씨가 아들의 숙련된 칼 솜씨에 감탄하며 말했어요.

"아마 여자 친구한테 배웠을걸요?"

"뭐-라-고?"

심슨 아저씨가 놀라서 소리치니, 파비가 말했어요.

"장난이에요, 아빠. 저렇게 멋진 칼질을 누구한테 배웠겠어요? 당연히 엄마죠!"

이제 당근은 다 준비되었으니, 샐러리를 다듬을 차례예요.
샐러리를 예쁜 모양으로 썰기 위해서는 각 세로줄과 가로줄의 나눗셈 문제를 풀어야 해요.
빈칸을 채워 주세요!

20 ÷ 10 =
÷   ÷   ÷
4 ÷ 2 =
=   =   =
÷   =

48 ÷ 8 =
÷   ÷   ÷
4 ÷ 2 =
=   =   =
÷   =

72 ÷ 8 =
÷   ÷   ÷
12 ÷ 4 =
=   =   =
÷   =

600 ÷ 300 =
÷   ÷   ÷
5 ÷ 5 =
=   =   =
÷   =

18 ÷ 6 =
÷   ÷   ÷
9 ÷ 3 =
=   =   =
÷   =

30 ÷ 2 =
÷   ÷   ÷
6 ÷ 2 =
=   =   =
÷   =

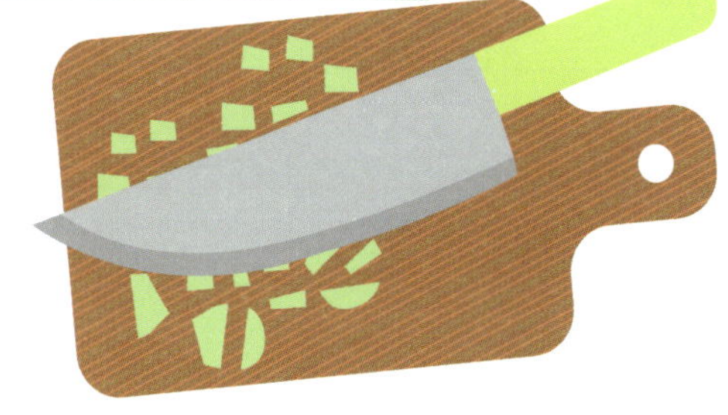

치즈볼 만들기

"막대 과자는 다 부쉈어?"
"당연하지. 자, 내가 마법 하나 보여 줄까? 내가 치즈볼을
얼마나 빨리 만드는지 보라고!"
파미가 손을 번개처럼 움직였어요.
지금부터 치즈볼 빨리 만들기 내기를 해 볼까요?
치즈볼 반죽의 나눗셈 문제를 파미보다 빨리
풀면 돼요. 연습장과 연필을 준비하고, 시작!

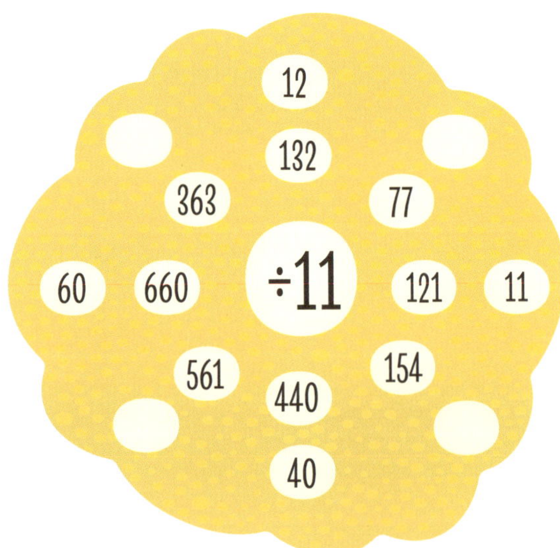

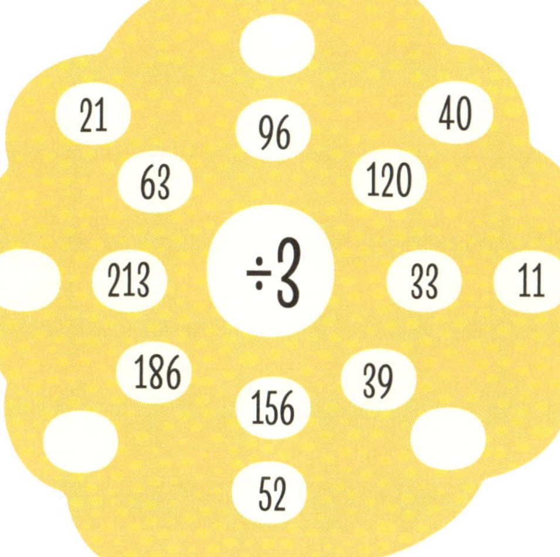

÷3
21 96 40 63 120 213 33 11 186 39 156 52

÷16
2 80 6 32 96 208 192 144 112 128 9 7

÷9
61 117 27 549 243 450 378 279 135 31 72 15

÷19
12 228 95 323 62 1178 589 31 190 1102 133

프라이팬 사용법

심슨 아저씨는 단 1초라도 낭비하기 싫은지 화덕에 불을 켜고 프라이팬을 올렸어요.
"아빠, 채소를 볶을 땐 주걱으로 계속 저어야 해요."
파미가 프라이팬 사용법을 알려 줬어요. 우리도 심슨 아저씨를 도와 채소를 볶아 봐요.
빨간 선에서는 두 수를 곱하고, 파란 선에서는 큰 수에서 작은 수를 나누면 돼요.

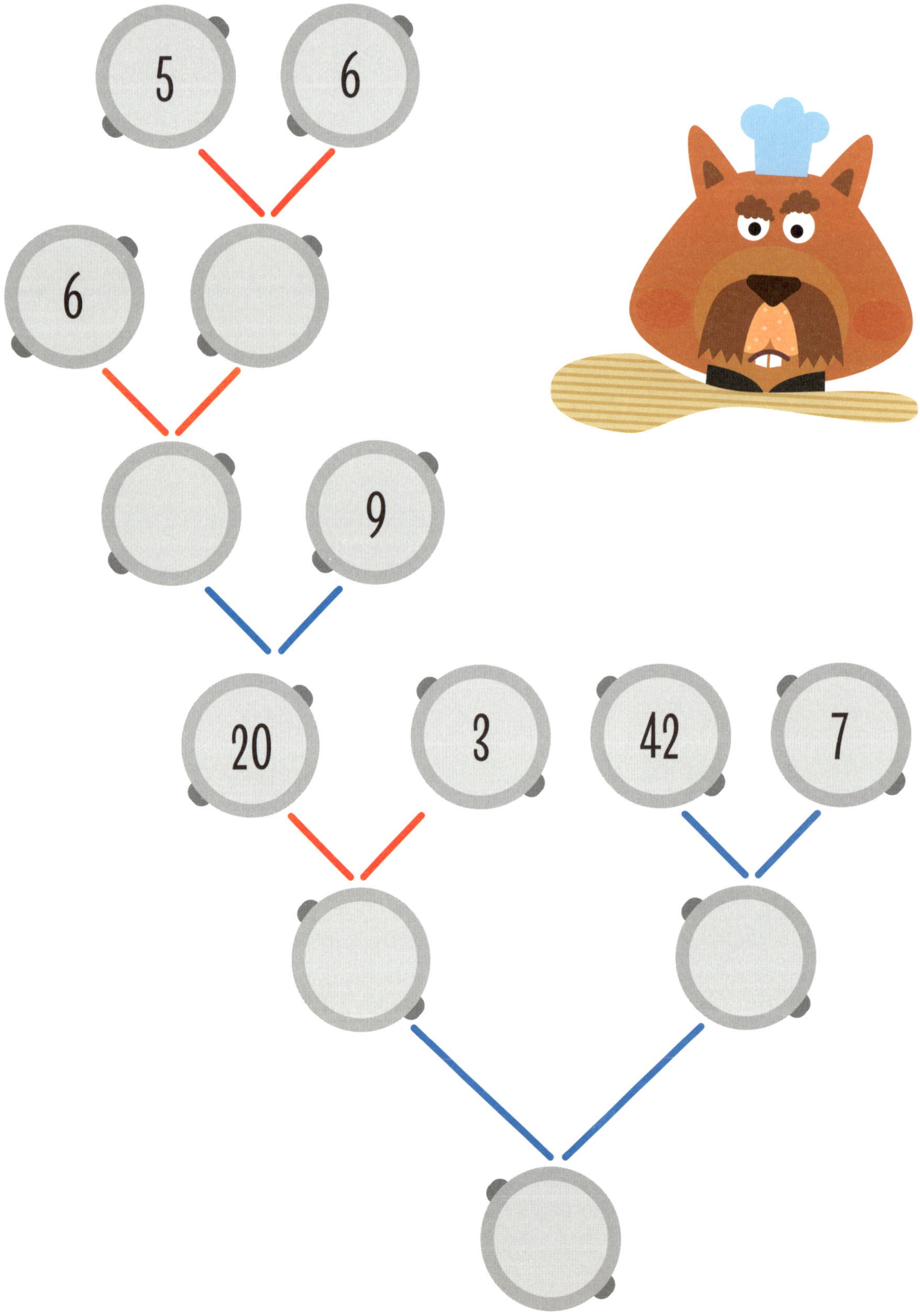

당근과 감자 골라 내기

"아빠, 당근과 감자만 넣어야 해요!"
이런, 심슨 씨가 당근과 감자를 다른 채소랑 섞어 버렸네요.
힌트를 보고 채소를 골라내는 것을 도와주세요.

힌트 9의 배수인 감자는 노란색을 칠해 주세요.
5의 배수인 당근은 주황색을 칠해 주세요.
5의 배수도, 9의 배수도 아닌 채소들은 분홍색을 칠해 주세요.

54

41

189

36

15

115

40

25

70

81

74

64

99

46

111

채소 자르기

"아빠, 이제 '분수를 아느냐 채소구이'에 쓸 당근을 잘라야 해요. 분수 값에 맞춰 정확히 잘라야 하는 거 아시죠?"

당근을 같은 길이, 여러 조각으로 잘라 봐요.

당근 한 개를 똑같이 둘로 나누면, 각 조각의 길이는 전체의 $\frac{1}{2}$ 이 되죠.

당근 한 개를 똑같이 셋으로 나누면, 각 조각의 길이는 전체의 $\frac{1}{3}$ 이 되고요.

한 조각의 길이가 전체의 $\frac{1}{10}$ 이 될 때까지 당근을 잘라 주세요.

파미가 당근을 조금씩 먹어 버렸어요.
썰어 둔 당근 중 파미가 먹은 양을
보기처럼 빨간 색연필로 칠해 주세요.

보기

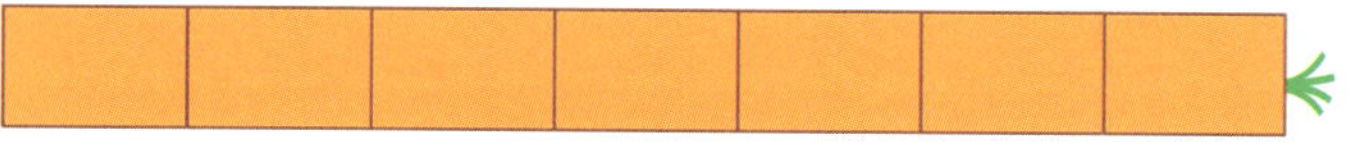

파미가 당근의 $\frac{1}{3}$ 을 먹었어요.

파미가 당근의 $\frac{2}{7}$ 를 먹었어요.

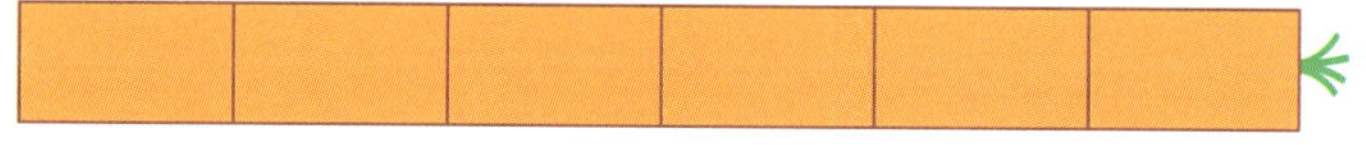

파미가 당근의 $\frac{1}{5}$ 을 먹었어요.

파미가 당근의 $\frac{4}{6}$ 를 먹었어요.

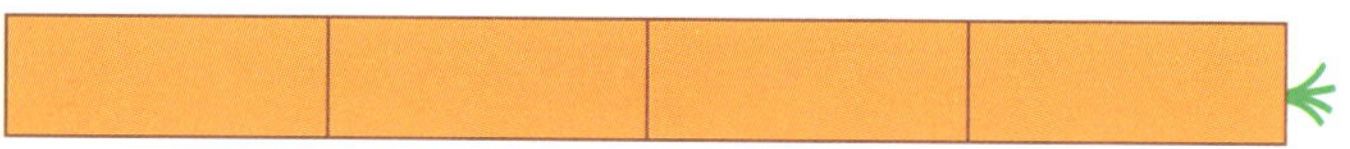

파미가 당근의 $\frac{3}{5}$ 을 먹었어요.

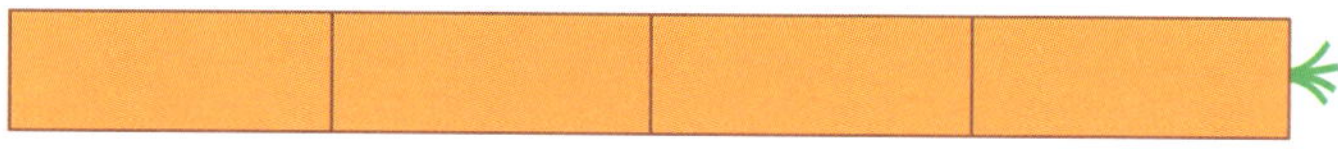

파미가 당근의 $\frac{4}{4}$ 를 먹었어요.

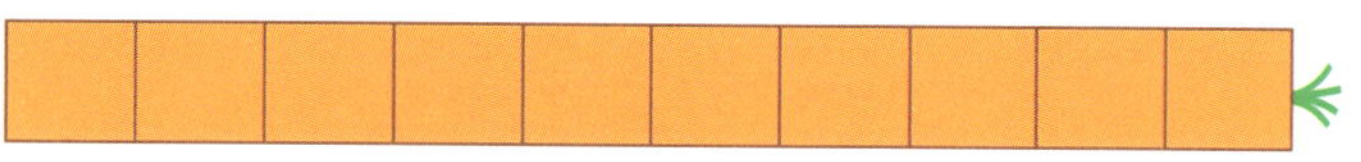

파미가 당근의 $\frac{2}{4}$ 를 먹었어요.

파미가 당근의 $\frac{1}{10}$ 을 먹었어요.

뒤죽박죽 채소 다듬기

어휴, 난장판이에요! 일부가 잘린 뿌리채소들이 나뒹굴고 있어요.
스티커를 붙여 이 뿌리채소들을 원래 모양대로 만들어 주세요.

이 당근은
$\frac{2}{4}$ 만큼 없어요.

이 순무는
$\frac{1}{2}$ 만큼 없어요.

이 무는
$\frac{1}{4}$ 만큼 없어요.

이 마늘은
$\frac{3}{3}$ 만큼
사라졌네요.

이 무는
$\frac{3}{6}$ 만큼 없어요.

이 순무는
$\frac{1}{3}$ 만큼
사라졌어요.

이 우엉은
$\frac{1}{5}$ 만큼
사라졌네요.

이 당근은
$\frac{2}{3}$ 만큼 없어요.

분수만큼 세제를 넣어 봐

심슨 아저씨가 설거지해야 하는 프라이팬을 들고 있어요.
식기세척기에 세제를 얼마나 넣어야 하는지 헷갈리나 봐요.
심슨 아저씨의 말을 잘 읽고, 세제통에 넣어야 하는 세제의 양만큼 색칠해 주세요.

스티커는 본문 뒤에 있어요.

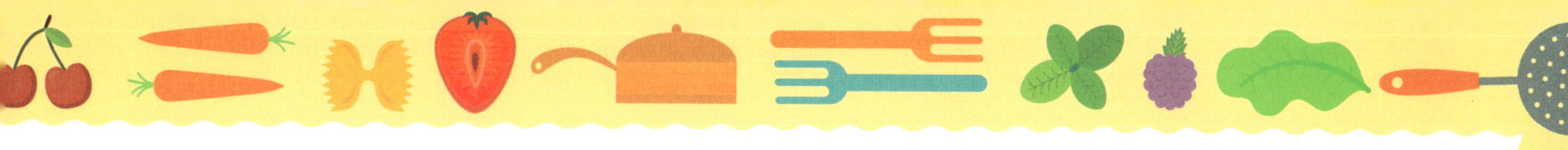

지저분한 그릇 씻기

이제 다른 식기들도 식기세척기에 넣어 씻을 차례예요. 힌트를 보고 답을 구해서 식기 스티커를 붙여 주세요.

힌트

커피잔은 $\frac{1}{4}$ 만큼의 공간을 차지해요.

유리잔은 $\frac{1}{5}$ 만큼의 공간을 차지해요.

포크는 $\frac{1}{10}$ 만큼의 공간을 차지해요.

숟가락은 $\frac{1}{20}$ 만큼의 공간을 차지해요.

머그잔은 $\frac{2}{20}$ 만큼의 공간을 차지해요.

접시는 $\frac{6}{20}$ 만큼의 공간을 차지해요.

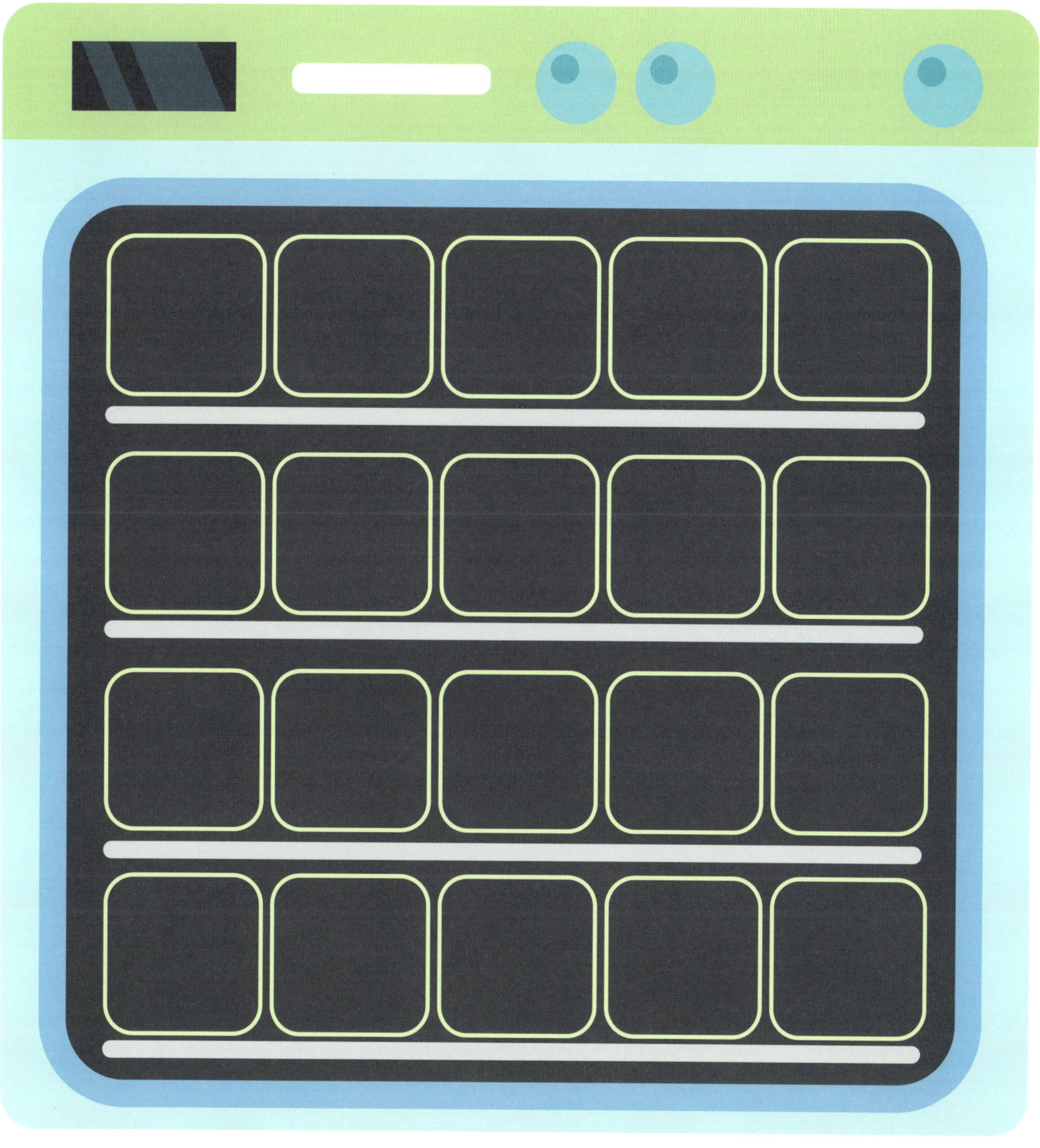

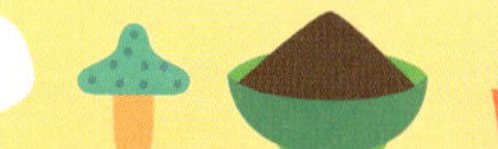

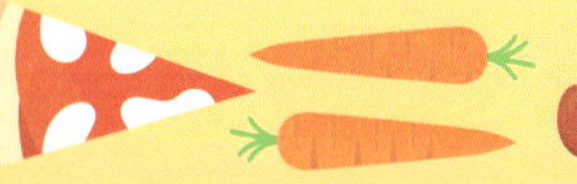

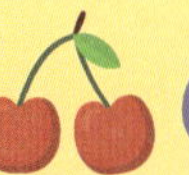

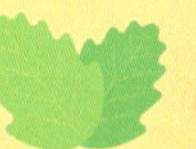

"으으, 채소를 너무 많이 썰어서 손목이 아파."

심슨 아저씨가 투덜거리자 파비가 웃으며 말했어요.

"아빠, 힘드시겠지만 건강 샐러드 만드는 것만 도와주세요. 나머지는 저랑 파미가 할게요."

"그래? 그거 고맙구나."

"그런데 아빠, 저는 지금 숙제해야 할 시간이에요."

"저도 제 방을 정리해야 해요. 아빠! 잠시만 혼자 하고 계세요. 금방 올게요!"

파비는 말이 끝나기 무섭게 파미와 함께 집으로 달려갔어요.

파비와 파미가 자리를 비우자 심슨 아저씨는 조금 당황했지만 이내 요리 비법책을 펼쳤어요.

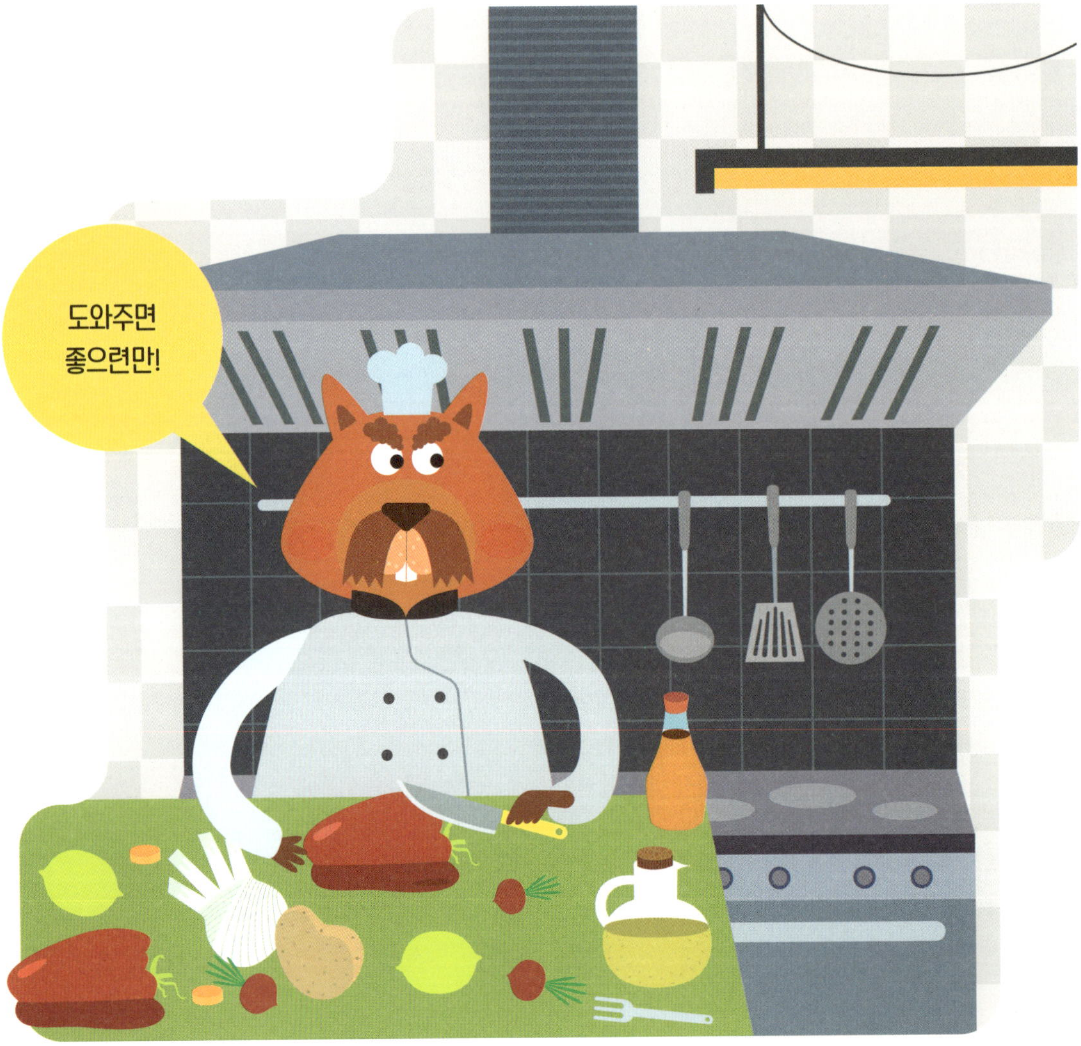

소스 만들기

심슨 아저씨가 기막힌 소스 레시피를 생각해 냈어요.
재료의 양을 나타낸 그림을 분수로 채워 봐요. 선분으로 나뉜
칸 수를 세면 좀 더 쉬울 거예요.
재료가 차지하는 양만큼 분수 스티커를 붙여 주세요.

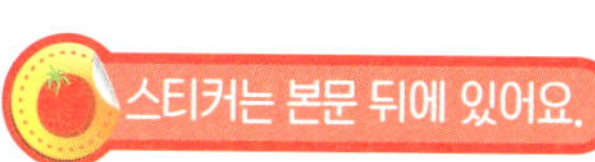

레몬 가루

레몬즙

후추

올리브유

피망 자르기

심슨 아저씨는 스스로 만든 소스가 만족스러운지 콧노래를 흥얼거렸어요. 다시 도마 앞에 서서는 피망을 노려보더니 칼을 힘껏 잡았어요.

심슨 아저씨가 피망을 썰려면 아래 사각형의 가로와 세로에 적힌 계산식을 각각 구하고, 나온 두 수를 곱한 값을 구해야 해요. 심슨 씨의 풀이를 참고해서 연습장에 계산하고, 정답 스티커를 붙이세요.

$10 \div 5 = 2$
$3 \times 4 = 12$

$12 \times 2 = 24$ → **24**

$12 \div 6 =$ $3 \times 3 =$	$33 \div 3 =$ $24 \div 4 =$	$64 \div 8 =$ $90 \div 10 =$	$30 \div 6 =$ $6 \times 3 =$
$6 \times 2 =$ $21 \div 3 =$	$49 \div 7 =$ $18 \div 9 =$	$1 \times 1 =$ $35 \div 5 =$	$3 \times 2 =$ $21 \div 3 =$
$8 \times 5 =$ $4 \times 1 =$	$2 \times 1 =$ $5 \times 10 =$	$50 \div 5 =$ $22 \div 2 =$	$2 \times 2 =$ $3 \times 2 =$
$2 \times 2 =$ $4 \times 1 =$	$2 \times 3 =$ $18 \div 3 =$	$16 \div 2 =$ $5 \times 2 =$	$12 \div 4 =$ $5 \times 5 =$

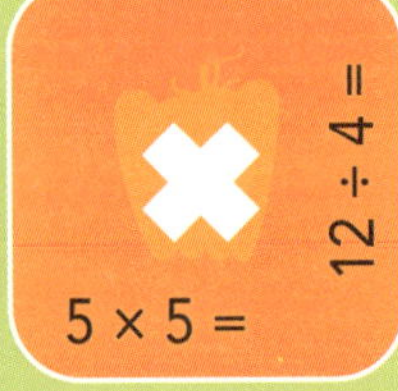

마늘 다지기

심슨 아저씨가 이마의 땀을 닦으며 한숨을 쉬었어요. 마늘을 똑같이 나누어야 하는데, 중간에 빠진 분수가 있어요. 그림을 보고, 에 들어갈 분수를 찾아 ○ 표시하세요.

(1)

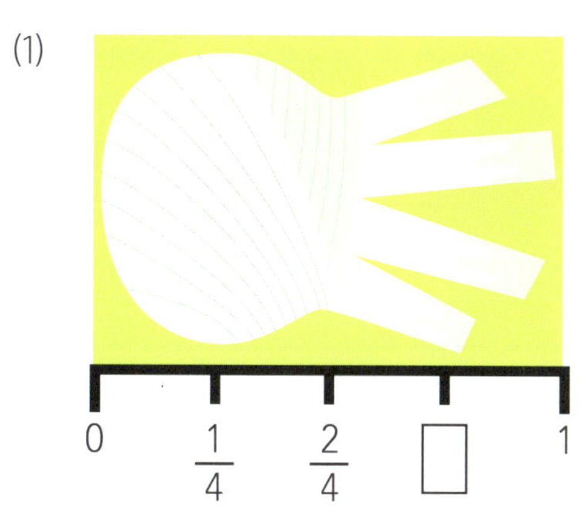

$$0 \quad \frac{1}{4} \quad \frac{2}{4} \quad \square \quad 1$$

$\dfrac{3}{4}$ $\dfrac{8}{9}$

(2)

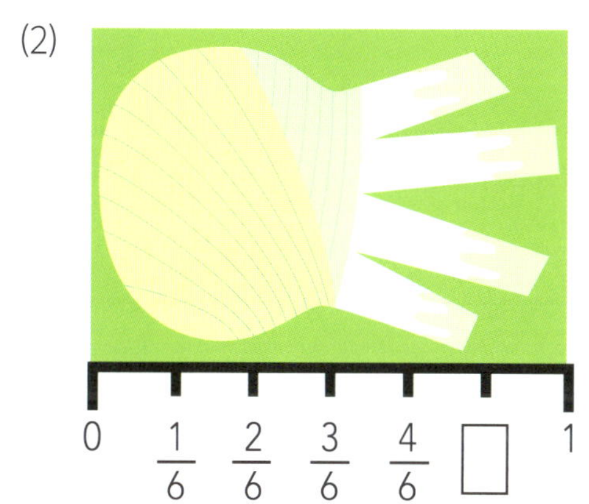

$$0 \quad \frac{1}{6} \quad \frac{2}{6} \quad \frac{3}{6} \quad \frac{4}{6} \quad \square \quad 1$$

$\dfrac{5}{6}$ $\dfrac{5}{2}$

(3)

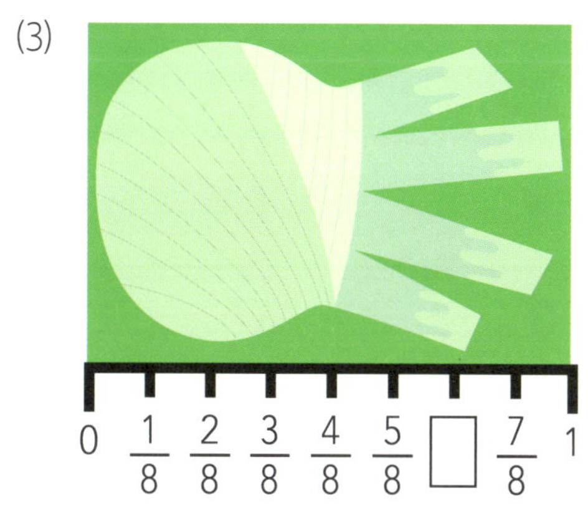

$$0 \quad \frac{1}{8} \quad \frac{2}{8} \quad \frac{3}{8} \quad \frac{4}{8} \quad \frac{5}{8} \quad \square \quad \frac{7}{8} \quad 1$$

$\dfrac{4}{5}$ $\dfrac{6}{8}$

(4)

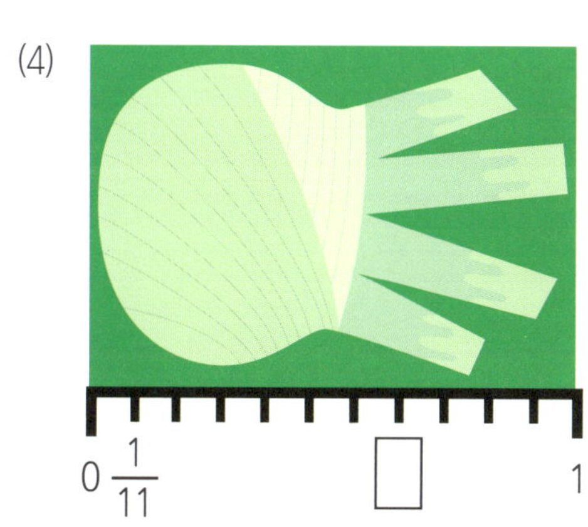

$$0 \quad \frac{1}{11} \quad \square \quad 1$$

$\dfrac{7}{11}$ $\dfrac{6}{3}$

최고의 감자를 찾아라!

"으음, 나는 이 중 가장 좋은 감자를 샐러드에 넣고 싶은데."
심슨 아저씨와 함께 창고에서 가장 좋은 감자를 찾아봐요!
감자 껍질에 적힌 문제를 풀어서 노란색 동그라미에 답을 적어 주세요.
파비의 힌트를 읽고, 가장 좋은 감자를 찾아 빨간색 동그라미로
표시해 주세요. 참, 계산은 반드시 위에서 아래로 내려 가며 풀어야 해요.

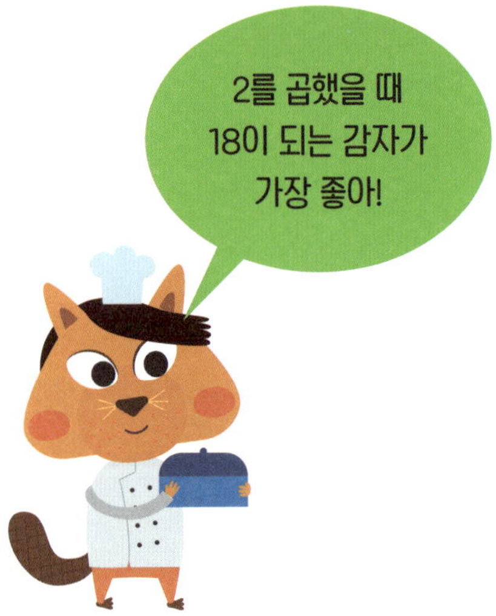

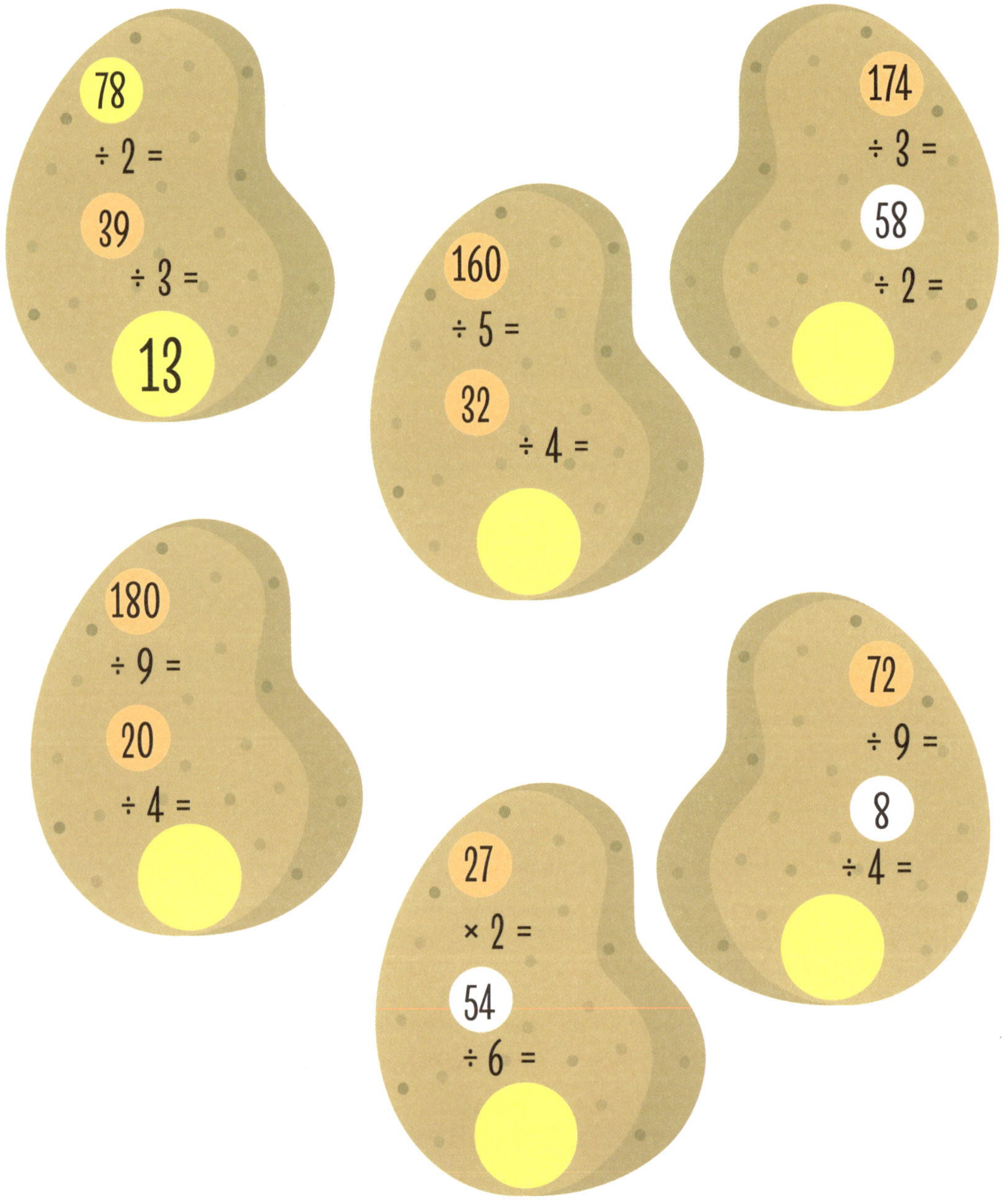

$78 \div 2 =$
$39 \div 3 =$
13

$160 \div 5 =$
$32 \div 4 =$

$174 \div 3 =$
58
$\div 2 =$

$180 \div 9 =$
$20 \div 4 =$

$27 \times 2 =$
54
$\div 6 =$

$72 \div 9 =$
8
$\div 4 =$

토마토 나열하기

이제 좋은 토마토를 골라야 해요. 토마토 스티커를 아래 지시에 따라
붙여 보세요.

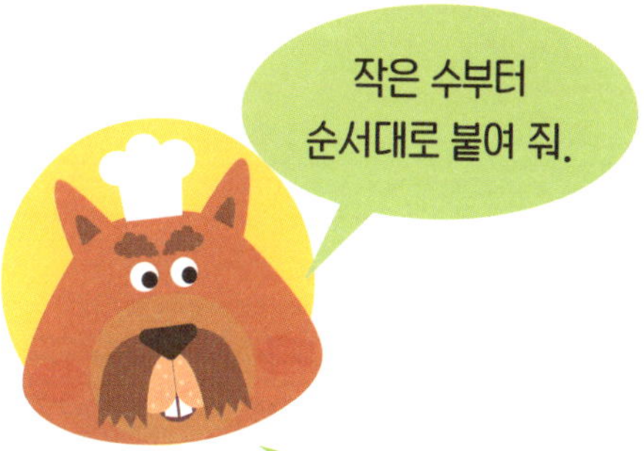

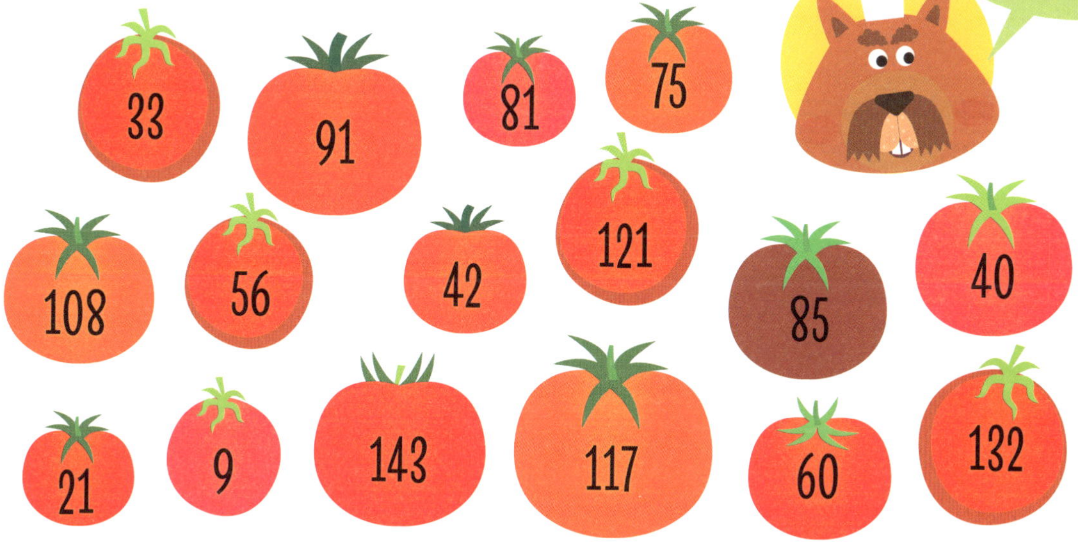

5로 나누어떨어지는 토마토를 찾아보세요.

7로 나누어떨어지는 토마토를 찾아보세요.

9로 나누어떨어지는 토마토를 찾아보세요.

11로 나누어떨어지는 토마토를 찾아보세요.

눈물의 양파 자르기

양파를 자를 차례예요.
심슨 아저씨와 함께 양파를 자르려면 양파의 빈칸에 정답을 써 주세요.

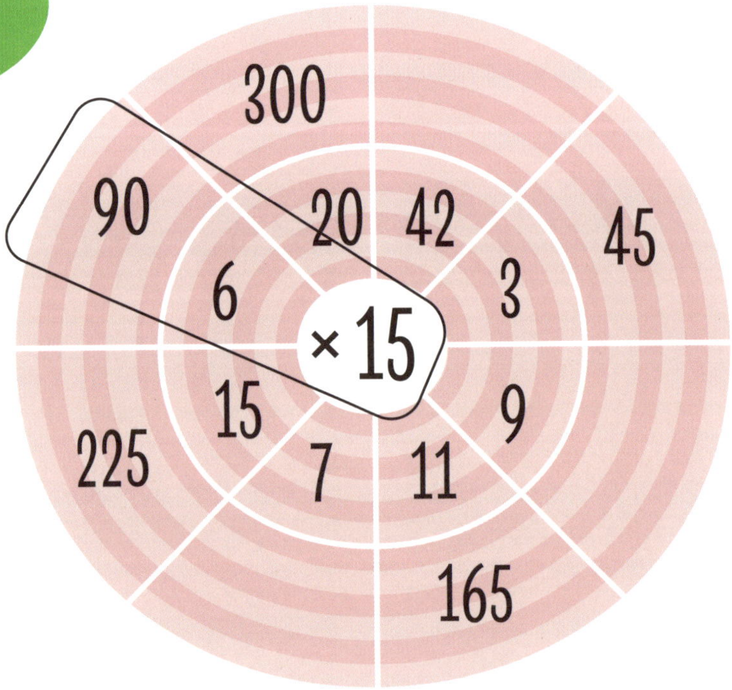

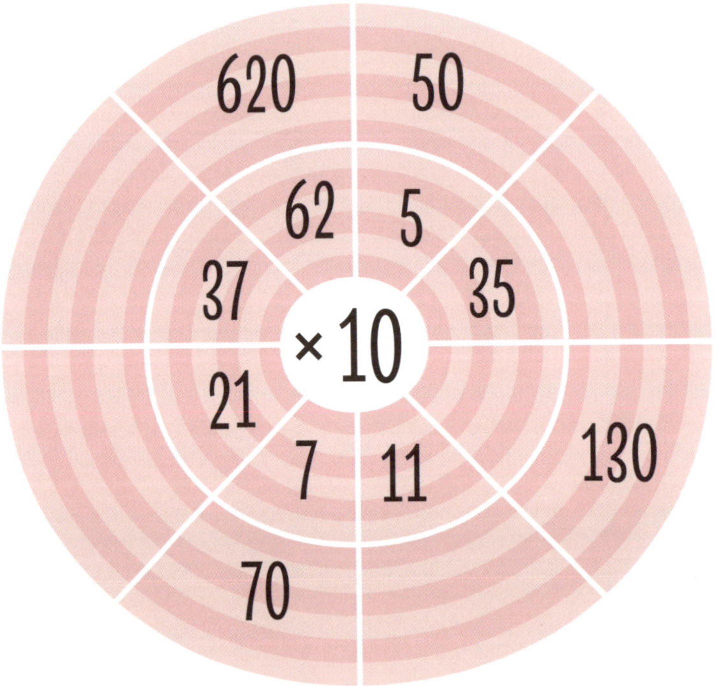

153
117
93 72 23
31 91
× 3
39 28
5 51 84
15
112
6 14
17 11
× 8
3 21
24 8 13
104
69
168
126을 7로 나누어도 돼!
7 × □ = 126
□ = 126 ÷ 7
63
140
31 9
5 16
× 7
7
20 2 126

필요한 조리 도구

재료들을 다 준비했어요. 이제 파미와 파비가 샐러드를 섞을 조리 도구를 찾으면 돼요.
아래 보기대로 색을 칠하면 필요한 조리 도구를 찾을 수 있어요.

보기
- 답이 9인 칸은 노란색으로 색칠하세요.
- 답이 16인 칸은 빨간색으로 색칠하세요.
- 답이 25인 칸은 초록색으로 색칠하세요.

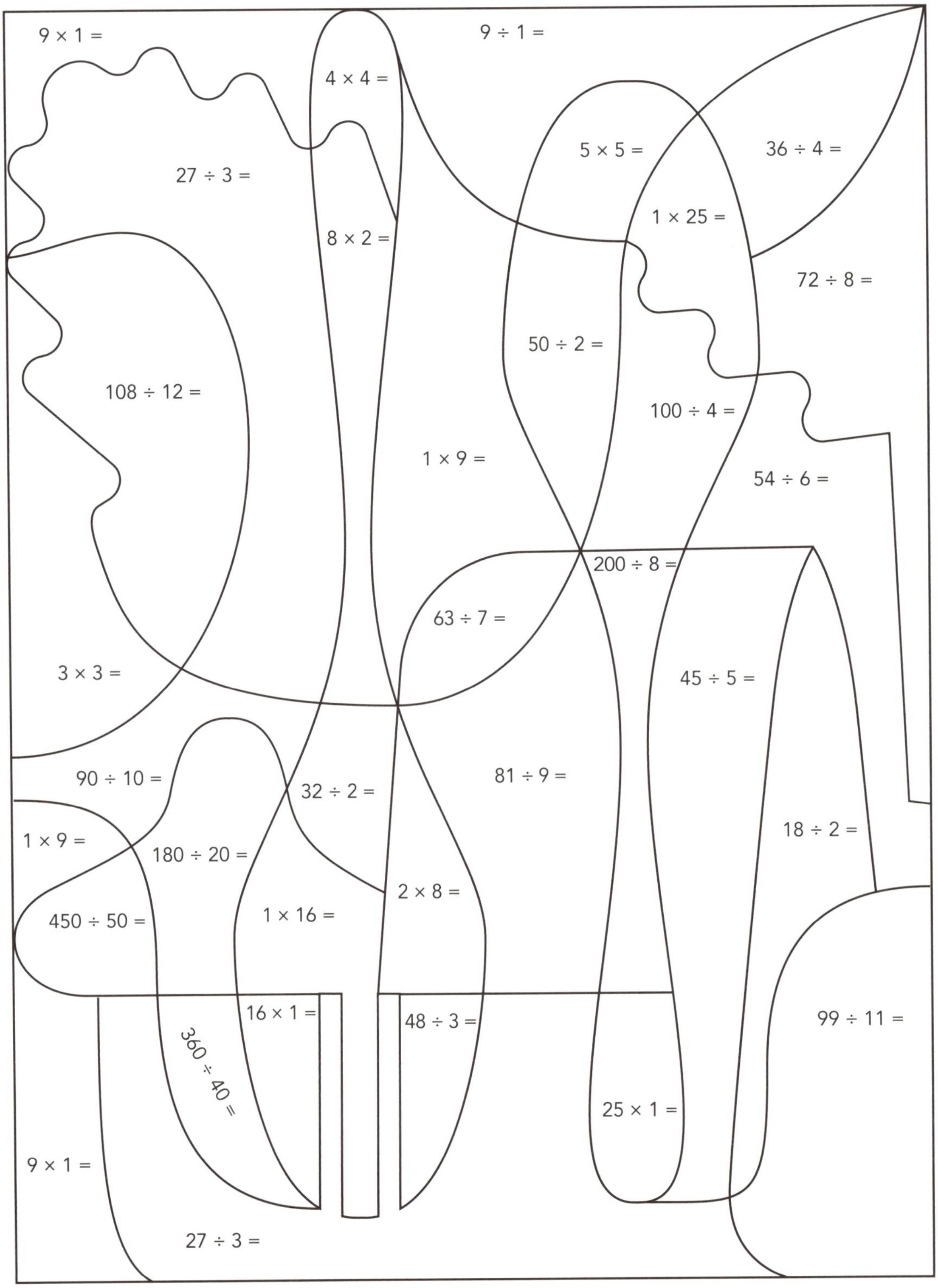

$9 \times 1 =$

$9 \div 1 =$

$4 \times 4 =$

$27 \div 3 =$

$5 \times 5 =$

$36 \div 4 =$

$8 \times 2 =$

$1 \times 25 =$

$72 \div 8 =$

$50 \div 2 =$

$108 \div 12 =$

$100 \div 4 =$

$1 \times 9 =$

$54 \div 6 =$

$200 \div 8 =$

$63 \div 7 =$

$3 \times 3 =$

$45 \div 5 =$

$90 \div 10 =$

$81 \div 9 =$

$32 \div 2 =$

$1 \times 9 =$

$18 \div 2 =$

$180 \div 20 =$

$2 \times 8 =$

$450 \div 50 =$

$1 \times 16 =$

$16 \times 1 =$

$48 \div 3 =$

$99 \div 11 =$

$360 \div 40 =$

$25 \times 1 =$

$9 \times 1 =$

$27 \div 3 =$

샐러드 만들기

샐러드를 맛있게 만들기 위해서는 채소를 골고루 섞어야 해요.
아래 보기를 잘 읽고 알맞은 자리에 채소 스티커를 붙여 주세요.

보기
- 감자는 3으로 나누어떨어지는 수에 붙여요.
- 방울토마토는 5로 나누어떨어지는 수에 붙여요.
- 오이는 8로 나누어떨어지는 수에 붙여요.
- 올리브는 11로 나누어떨어지는 수에 붙여요.
- 양파는 7로 나누어떨어지는 수에 붙여요.

식탁 정리하기

파비가 샐러드를 섞는 동안,
파미는 식탁을 정리하기로 했어요.
심슨 아저씨의 설명을 듣고
알맞은 식탁보를 찾아 ○ 표시하세요.

이제 냅킨을 꺼낼 차례예요. 그런데 오늘의 메뉴에 어울린다고 생각하는 냅킨이 제각각이에요.
그래서 냅킨은 각자 원하는 대로 놓기로 했답니다. 각자가 말하는 냅킨을 찾아서
냅킨 위에 이름을 써 주세요.

심슨 아저씨

파비

매기 아줌마

파미

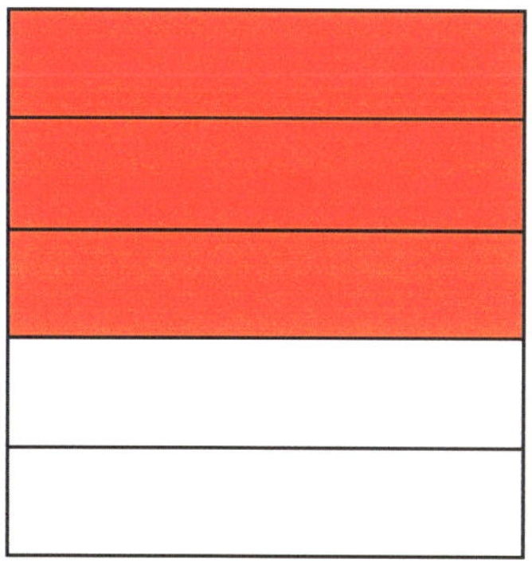

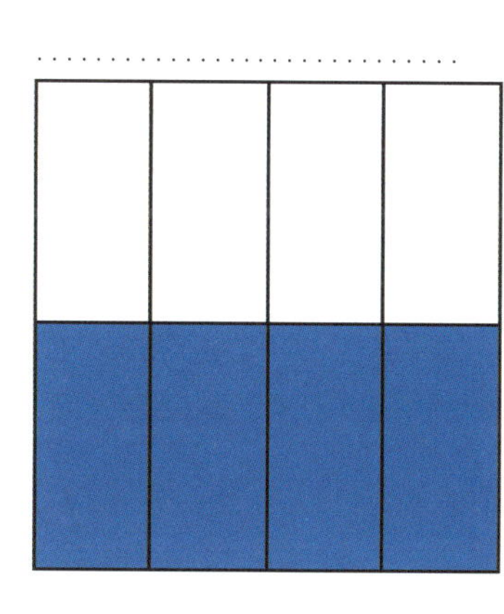

딸랑딸랑! 식당의 문이 열리는 소리가 들렸어요.

"설마 손님은 아니겠지?"

"아녜요, 아빠. 엄마예요!"

파비와 파미가 식당의 문을 열고 선 엄마에게 달려갔어요.

"아빠가 엄마를 위해 준비했어요!"

"설마 아빠가 직접 요리한 건 아니지? 아니라고 말해 줘."

매기 아줌마가 불안한 눈빛으로 말했어요.

"하하, 맞아요. 아빠가 엄마를 위해 요리를 했어요!"

"오늘 아침 아빠는 정말 그 누구보다 셰프 같았어요. 산더미처럼 쌓인 채소를 썰면서 손 하나 다치지도 않았고, 끊임없이 불을 쓰면서 아무것도 태우지 않았어요."

"세상에… 당신, 정말 고마워요."

"벼, 별것 아니야! 자, 이제 다시 일할 시간이다."

"내가 모자를 어디에 둔 거야?" 매기 아줌마가 서랍을 뒤지며 중얼거렸어요.
모든 계산식을 풀어서 3으로 나누어떨어지는 수가 답인 식에 ○ 표시하세요.
대각선으로 ○ 세 개가 있는 모자가 매기 아줌마의 모자랍니다!

5 × 2 =	5 × 7 =	5 × 4 =
5 × 5 =	5 × 3 =	5 × 9 = 45
5 × 8 =	5 × 10 =	5 × 1 =

9 × 8 =	8 × 8 =	1 × 8 =
10 × 8 =	6 × 8 =	2 × 8 =
3 × 8 =	4 × 8 =	5 × 8 =

5 × 7 =	3 × 7 =	1 × 7 =
2 × 7 =	7 × 7 =	9 × 7 =
7 × 0 =	7 × 10 =	8 × 7 =

1 × 2 =	2 × 7 =	3 × 2 =
2 × 5 =	6 × 2 =	2 × 2 =
2 × 9 =	2 × 10 =	4 × 2 =

5 × 4 =	4 × 4 =	1 × 4 =
9 × 4 =	3 × 4 =	6 × 4 =
2 × 4 =	7 × 4 =	10 × 4 =

바삭한 파이

매기 아줌마의 도움으로, 먹음직스러운 파이들이 순식간에 완성되었어요.
이제 장식으로 바질잎을 올려 봐요.
파이 옆의 표를 보고, 가로나 세로로 나란히 있는 세 수가 하나의 곱셈식이 되는 줄을
○ 표시해 주세요. 단, 곱하는 수 중 하나는 반드시 5여야 해요.
계산식 개수만큼 바질잎 스티커를 파이의 가운데에 붙여 주세요.

9	12	3	2
4	3	6	5
1	19	3	10
13	33	30	54

2 × 5 = 10

9	81	3	10	41
5	3	15	9	6
1	14	3	8	5
13	65	90	72	5
5	4	20	13	25

4	5	6	20	11
0	8	12	5	60
5	3	15	8	6
13	65	90	21	7
5	4	20	7	85

9	5	11	55	1
5	1	5	9	6
1	17	5	8	5
13	65	100	23	30
0	7	500	32	1

마음을 나누는 머랭

'마음을 나누는 머랭'을 만들기 위해서 먼저 계란 흰자를 빠르게 저어 거품을 만들어야 해요.
계산하고, 초록색 머랭 정답 스티커를 붙여 주세요.

$$9\overline{)360}$$

$$7\overline{)98}$$

$$5\overline{)335}$$

$$2\overline{)76}$$

"아빠, 남은 설탕을 넣고 섞어요. 거품이 충분히 나면, 짤주머니에 머랭 반죽을 넣으세요."
짤주머니에 적힌 두 개의 수를 곱하여 머랭을 만들어야 해요. 짤주머니 두 개와 머랭을 찾아서 연결해 보세요. 어떤 짤주머니는 두 번씩 쓸 수 있어요.

7
2
6
5
4
3
8
9
13
15

45
14
104
90
28
24
30
72

예시처럼,
곱해서 45가 되는
두 수 9와 5를
연결하면 돼.

오픈 준비를 하자!

"이제 모든 메뉴가 준비되었으니, 테이블을 세팅하는 일만 남았군."
매기 아줌마의 말에 심슨 씨가 주방에서 후다닥 달려 나왔어요.
"그건 파미와 내가 하겠소, 여보!"
접시와 식기는 찬장에 있어요.
테이블 가운데의 숫자가 정답이 되는 곱셈식 스티커를 붙여 보세요.

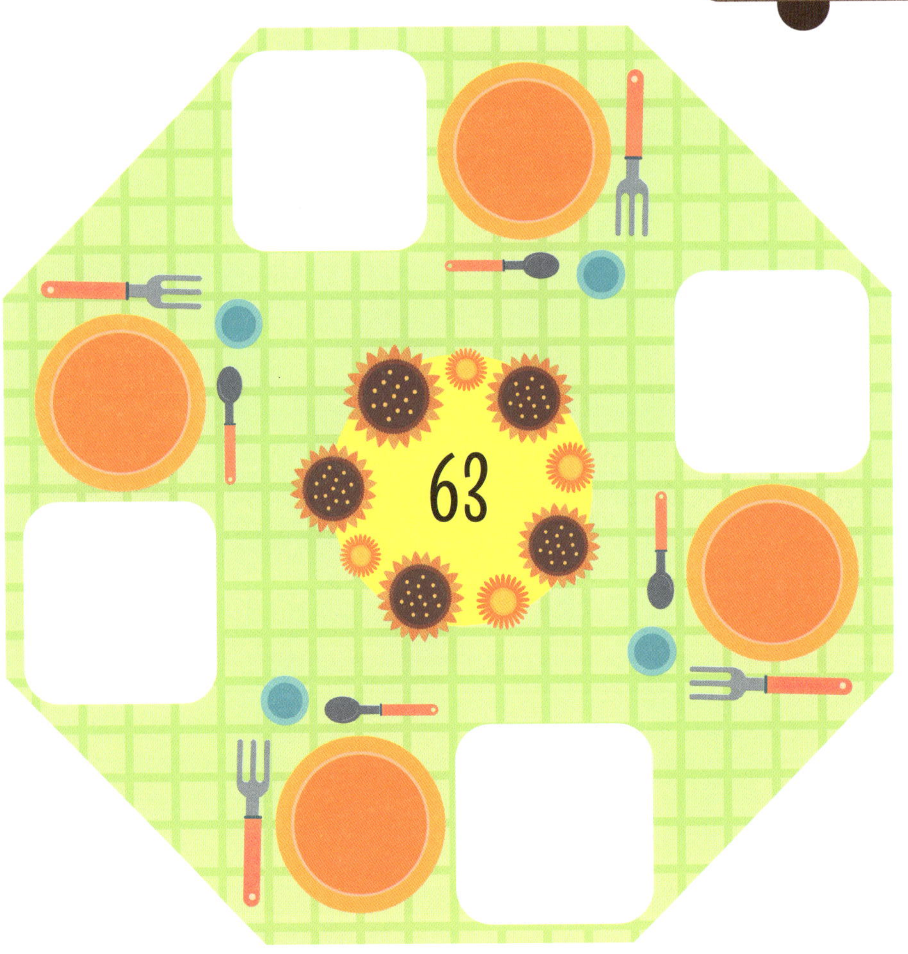

130
이 테이블에는
뭐가 빠졌을까?
답이 105가 되는
계산식은
무엇일까?
105
55

하나, 둘, 셋, 찰칵!

"정말 고단한 아침이었어. 하지만 이렇게 보니 뿌듯하군."
심슨 아저씨가 오픈 준비를 마친 식당을 둘러보며 말했어요.
"여보, 얘들아! 우리 기념으로 사진 한 번 찍을까?"
매기 요리사가 말했어요.
찰칵!
정답 스티커를 붙여 사진을 완성해 주세요.

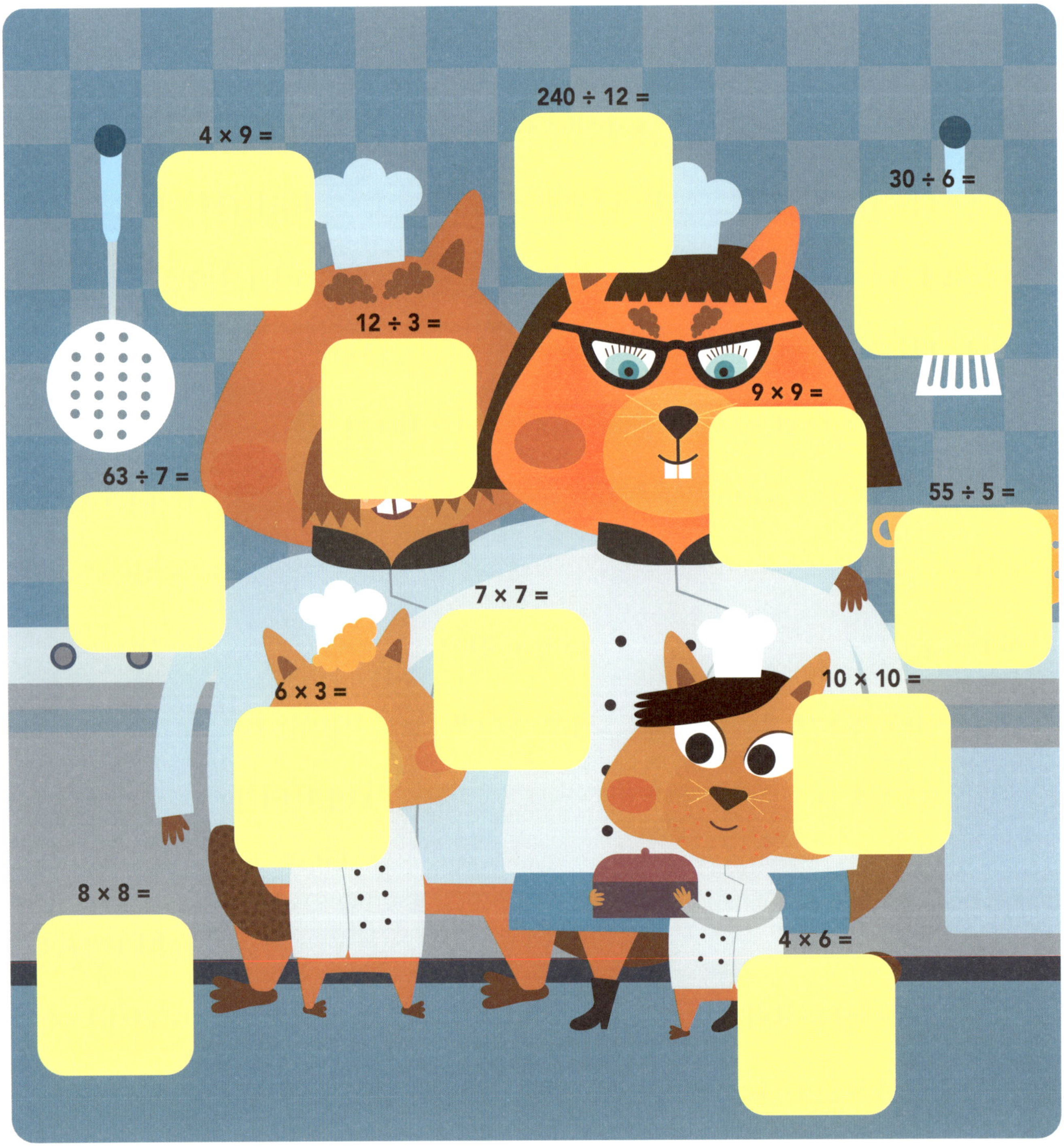

축하해요! 여러분이 도와준 덕분에 매기 요리사의 레스토랑은
큰 위기를 넘겼어요.
감사의 의미로 '수학적으로 완벽한 셰프 자격증'을 드립니다!
이름과 이 책을 끝낸 날짜를 적고, 본문 뒤에 있는 스티커로 마음껏 꾸며 봐요!

날짜: ______________________

이름: ______________________

수학적으로 완벽한
셰프 자격증

귀하는 수많은

곱셈, 나눗셈, 분수 문제를 통해

수학적으로 완벽한 요리를 만들었으므로

이에 '수학적으로 완벽한 셰프 자격증'을

수여합니다.

더 풀어 보기

 수 모형을 보고 ☐ 안에 알맞은 수를 써넣으세요.

1.

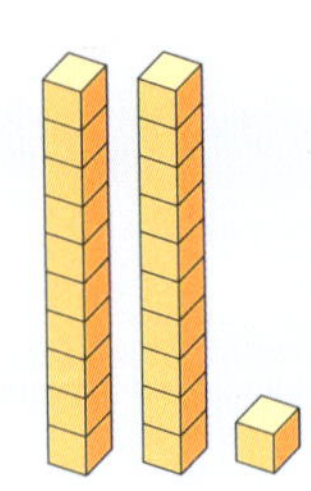 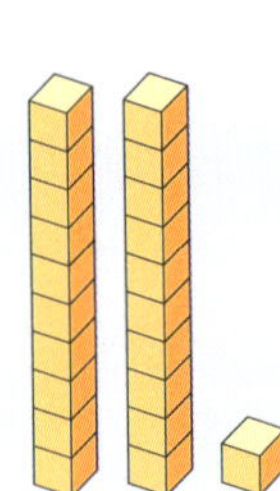 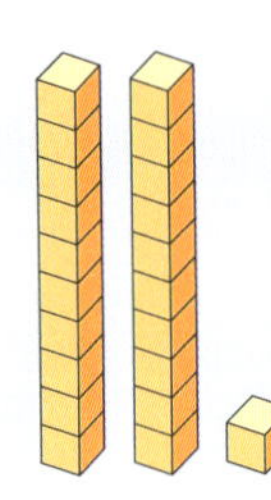

$21×3$ ⎰ $20×3=$ ☐ ⎱ ☐
⎱ $1×3=$ ☐ ⎰

2.

$42×3$ ⎰ $40×3=$ ☐ ⎱ ☐
⎱ $2×3=$ ☐ ⎰

3.

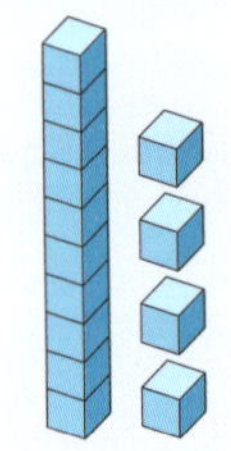  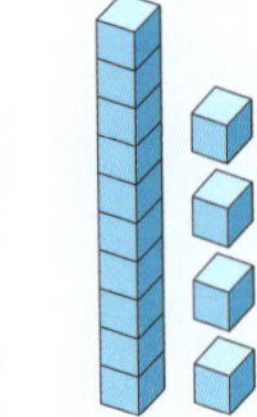 

$14×4$ ⎰ ☐ $×4=$ ☐ ⎱ ☐
⎱ ☐ $×4=$ ☐ ⎰

☐ 안에 알맞은 수를 써넣으세요.

4.
```
    7 3
  ×   2
  ─────
    ☐      ← 3×2
  1 4 0    ← 70×2
  ─────
    ☐
```

5.
```
    5 2
  ×   6
  ─────
    1 2    ← 2×6
    ☐      ← 50×6
  ─────
    ☐
```

17

6. 계산 결과가 같은 것끼리 이어 보세요.

20 × 3 •	• 40 × 2
10 × 8 •	• 10 × 9
30 × 3 •	• 10 × 6

 알맞은 식과 답을 구해 보세요.

7.

희민이는 구슬을 31개 가지고 있고, 현무는 희민이가 가진 구슬의 4배를 가지고 있습니다. 현무가 가진 구슬은 몇 개일까요?

식

답

8.

지우는 한 묶음에 18장씩 들어 있는 색종이 3묶음을 샀습니다. 지우가 산 색종이는 몇 장일까요?

식

답

 ☐ 안에 알맞은 수를 써넣으세요.

9.

```
    2 ☐
  ×   3
  ───────
    8 1
```

10.

```
  ☐ 4
  ×   9
  ───────
  3 9 6
```

11.

```
    1 4
  ×   ☐
  ───────
  1 1 2
```

연산력 쑥쑥
더 풀어 보기

보기와 같이 나눗셈의 몫을 구해 보세요.

보기

```
      1                    1 2                  1 2 4
  6 ) 7 4 4            6 ) 7 4 4            6 ) 7 4 4
      6                    6                    6
      1                    1 4                  1 4
                           1 2                  1 2
                             2                    2 4
                                                  2 4
                                                    0
```

12.
```
  3 ) 8 0 4
```

13.
```
  5 ) 9 6 5
```

14.
```
  2 ) 4 7 4
```

15.
```
  4 ) 4 1 2
```

16.
```
  6 ) 8 5 8
```

17.
```
  3 ) 6 4 5
```

 몫이 더 큰 것에 ○표 하세요.

18.

(   )   (   )

19.

(   )   (   )

알맞은 식과 답을 구해 보세요.

20.

양파가 봉지에 60개 들어 있습니다. 양파를 4명이 똑같이 나누어 가진다면 한 명이 몇 개씩 가지게 될까요?

식

답

21.
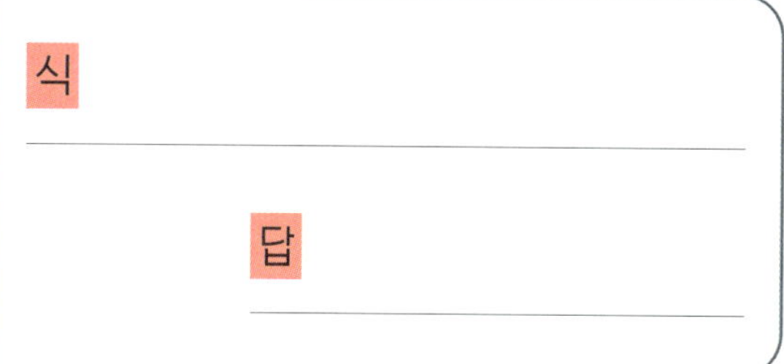

빵 한 개를 만드는 데 버터가 3개 필요합니다. 버터 72개로 빵을 몇 개 만들 수 있을까요?

식

답

22.
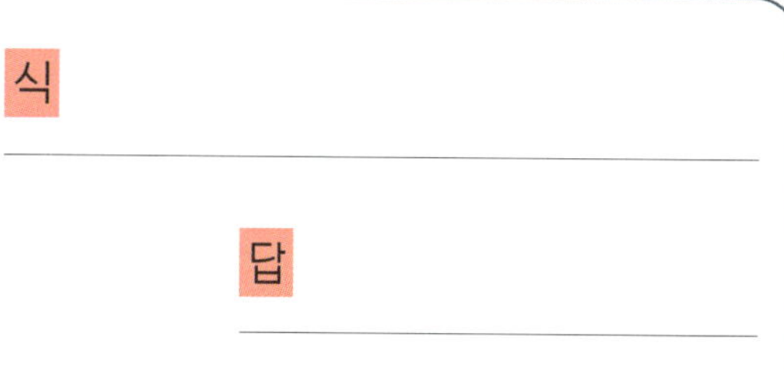

초코 과자 128개를 한 상자에 8개씩 담으려고 합니다. 상자 몇 개에 담을 수 있나요?

식

답

더 풀어 보기

보기와 같이 색칠한 부분을 분수로 나타내고 읽어 보세요.

보기

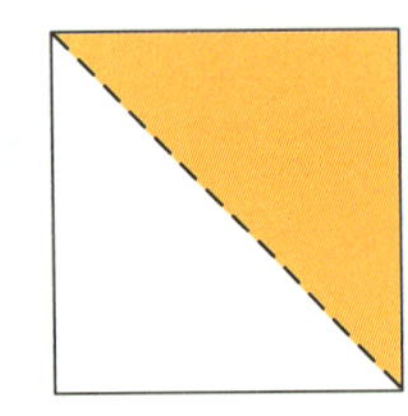

$\dfrac{1}{2}$ 이라고 쓰고 **2분의 1**이라고 읽습니다.

23. 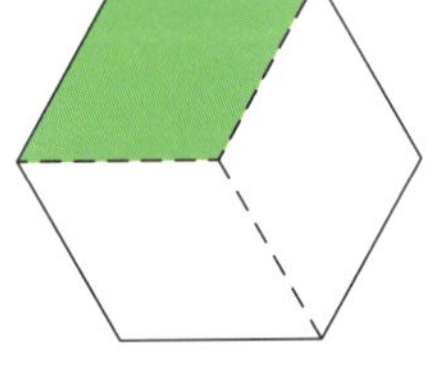

$\dfrac{\square}{\square}$ (이)라고 쓰고 [   ] (이)라고 읽습니다.

24. 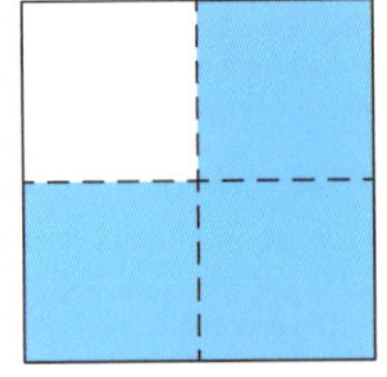

$\dfrac{\square}{\square}$ (이)라고 쓰고 [   ] (이)라고 읽습니다.

25. 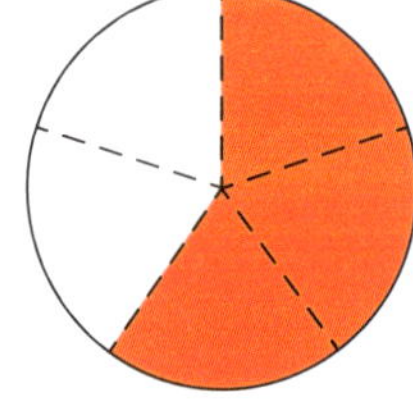

$\dfrac{\square}{\square}$ (이)라고 쓰고 [   ] (이)라고 읽습니다.

26. 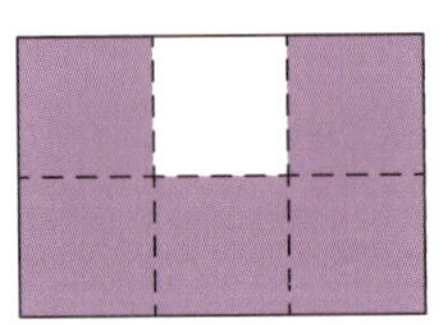

$\dfrac{\square}{\square}$ (이)라고 쓰고 [   ] (이)라고 읽습니다.

□ 안에 알맞은 분수를 써넣으세요.

27.

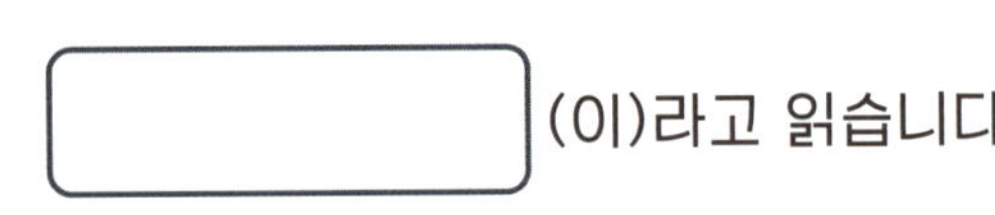

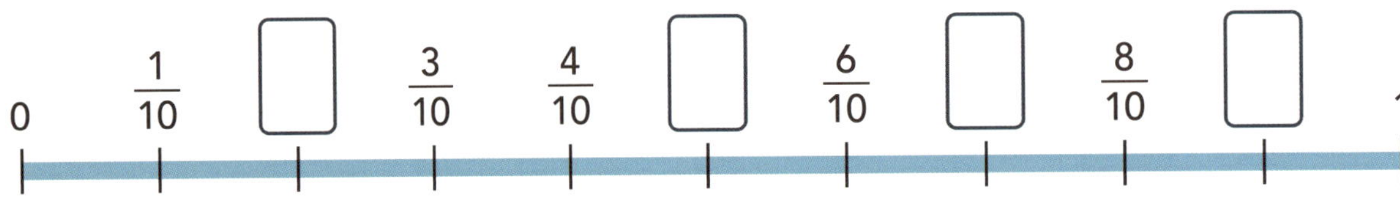

28. 주어진 분수만큼 색칠하고 ⬜ 안에 알맞은 분수를 써넣으세요.

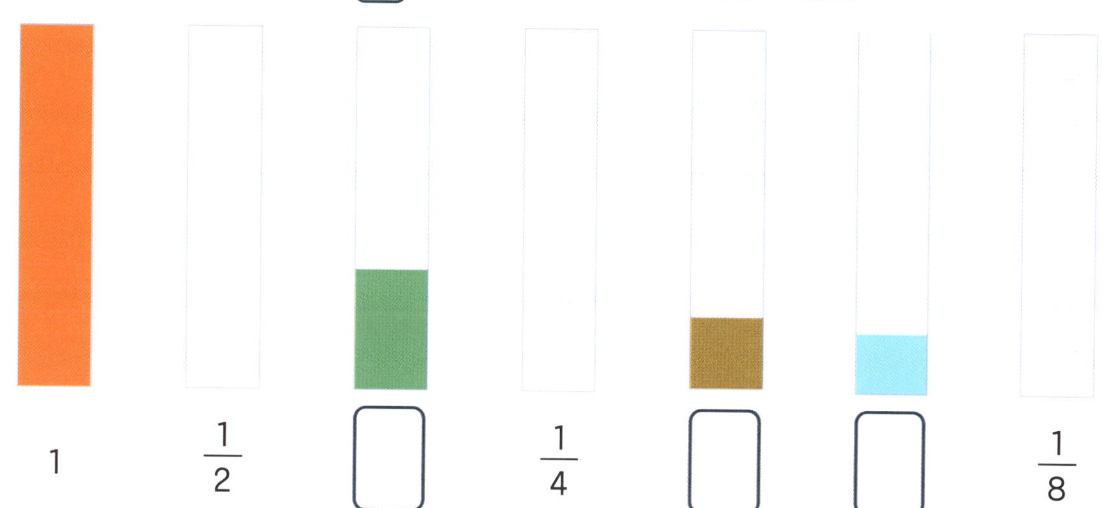

1 $\dfrac{1}{2}$ ⬜ $\dfrac{1}{4}$ ⬜   ⬜ $\dfrac{1}{8}$

29. ⬜ 안에 알맞은 수를 써넣으세요.

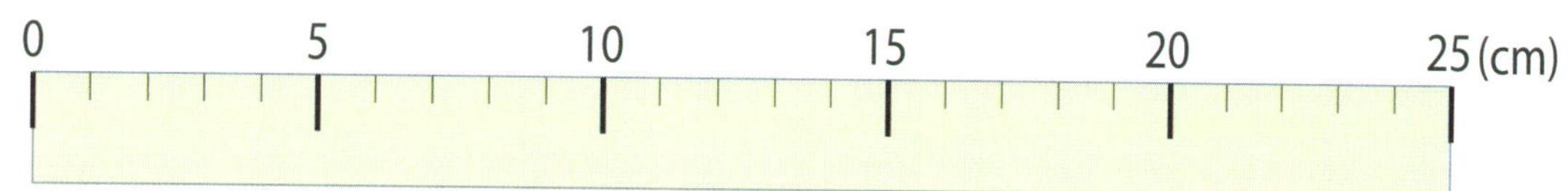

(1) 25cm의 $\dfrac{1}{5}$ 은 ⬜ cm입니다.

(2) 25cm의 $\dfrac{4}{5}$ 는 ⬜ cm입니다.

30. 보기와 같이 주어진 거리만큼 그림에 나타내어 보세요.

보기

10km의 $\dfrac{1}{10}$

0 1 2 3 4 5 6 7 8 9 10 (km)

10km의 $\dfrac{1}{2}$

0 1 2 3 4 5 6 7 8 9 10 (km)

11쪽

21×4=84
50÷5=10
210÷3=70
16×6=96
72÷2=36
33×3=99

12~13쪽

딸기: 5×3=15 | 달걀: 5×2=10 | 모짜렐라 치즈: 3×3=9
바나나: 2×2=4 | 당근: 3×2=6 | 양상추: 3×2=6
양파: 5×2=10 | 소금: 2×2=4 | 감자: 4×2=8

건강 샐러드 / 달콤한 푸딩 / 마음을 나누는 머랭

14쪽

24×5=120 → 믹서기
17×52=884 → 종이 호일
210÷2=105 → 강판
581÷7=83 → 냄비

16쪽

로즈마리를 뿌리세요.
빵 반죽에 모짜렐라 치즈를 같은 크기로 잘라 올립니다.
빵 반죽을 동그랗게 마세요.
토마토를 같은 방법으로 올려 주세요.

17쪽

12 빵 반죽에 모짜렐라 치즈를 같은 크기로 잘라 올립니다.
81 토마토를 같은 방법으로 올려 주세요.
16 빵 반죽을 동그랗게 마세요.
17 로즈마리를 뿌리세요.
54 모든 것을 오븐에 넣으세요.

15쪽

18쪽

19쪽

1728 / 1261 / 4421

$$\frac{6}{10}$$

$$\frac{4}{10}$$

$$\frac{8}{10}$$

20쪽

8 / 16, 112, 448 / 99, 27, 54 / 156, 52, 26

21쪽

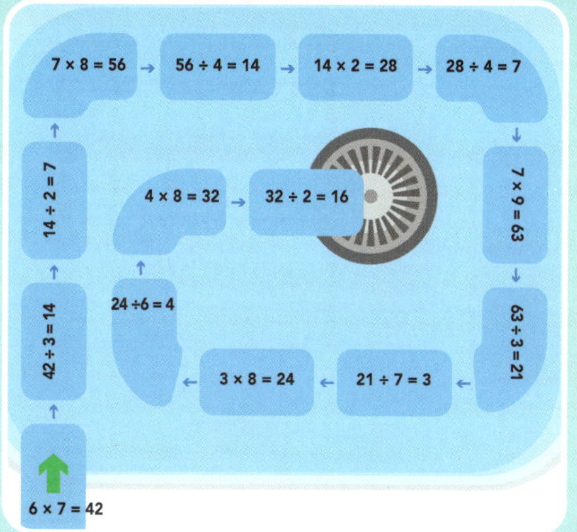

22쪽

23쪽

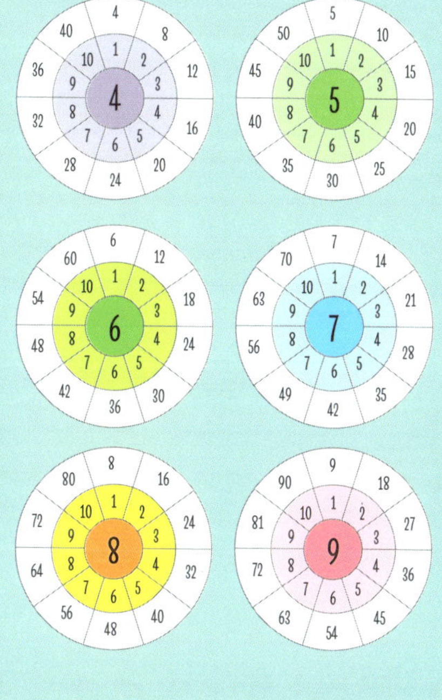

25쪽

26~27쪽

28쪽

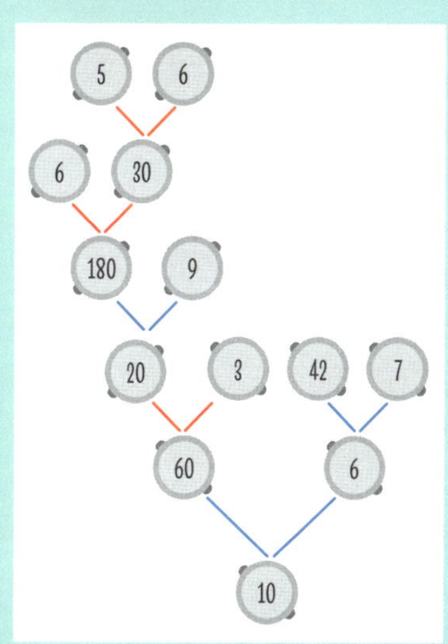

29쪽

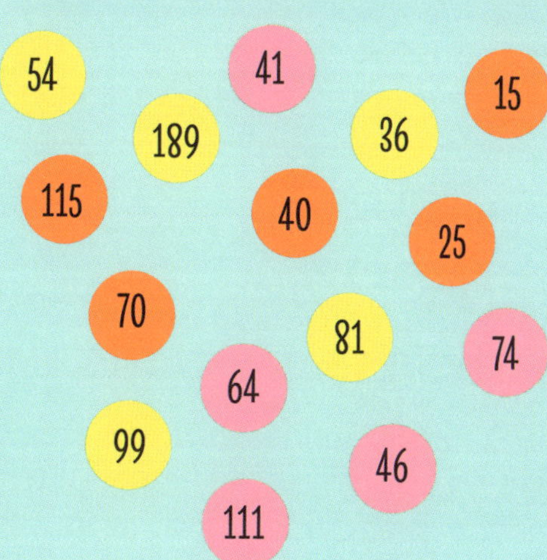

31쪽

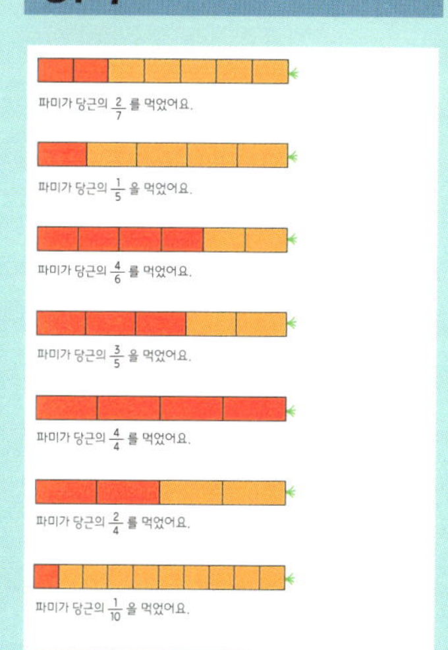

18	66	72	90
84	14	7	42
160	100	110	24
16	36	80	75

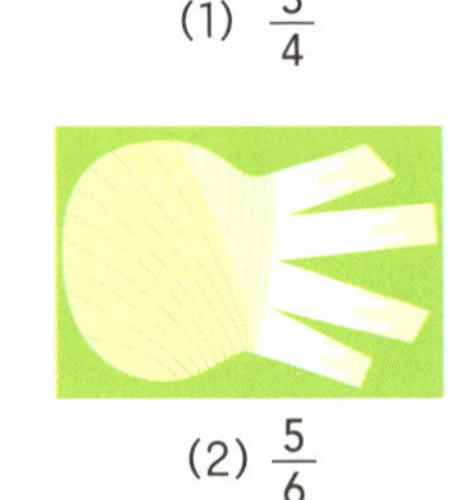

(1) $\dfrac{3}{4}$

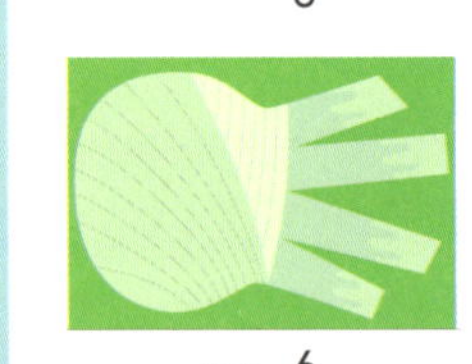

(2) $\dfrac{5}{6}$

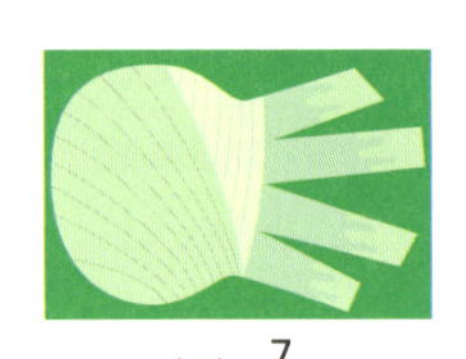

(3) $\dfrac{6}{8}$

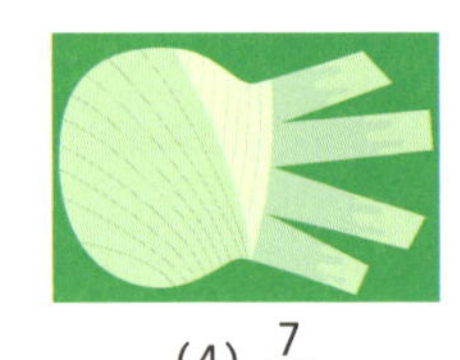

(4) $\dfrac{7}{11}$

| 180 ÷ 9 = 20 ÷ 4 = **5** | 160 ÷ 5 = 32 ÷ 4 = **8** | 174 ÷ 3 = 58 ÷ 2 = **29** | 27 × 2 = 54 ÷ 6 = **9** | 72 ÷ 9 = 8 ÷ 4 = **2** |

40 – 60 – 75 – 85 / 21 – 42 – 56 – 91 /
9 – 81 – 108 – 117 / 33 – 121 – 132 – 143

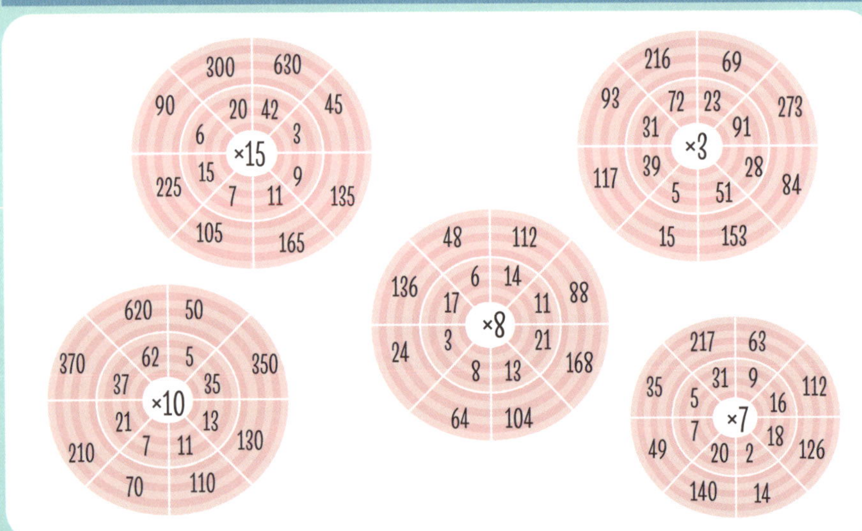

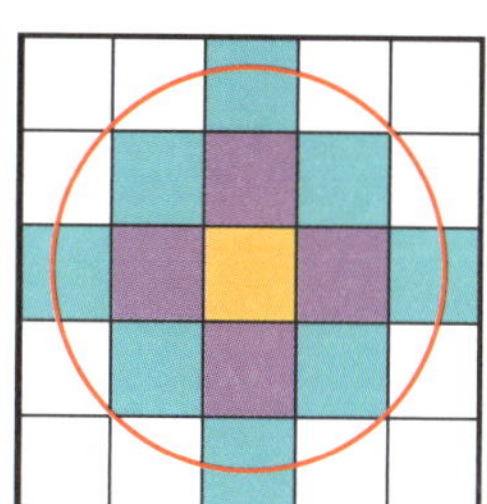

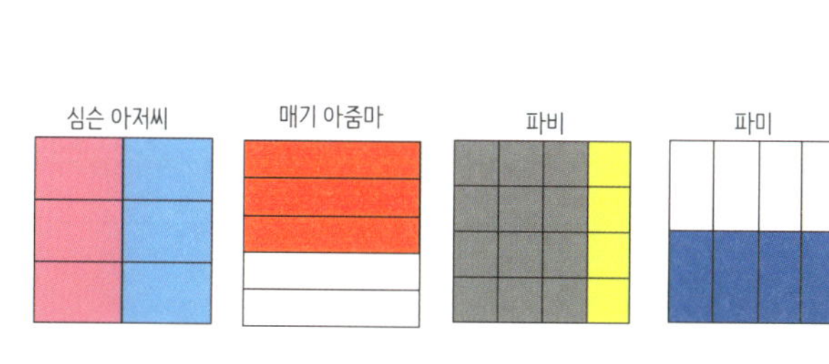

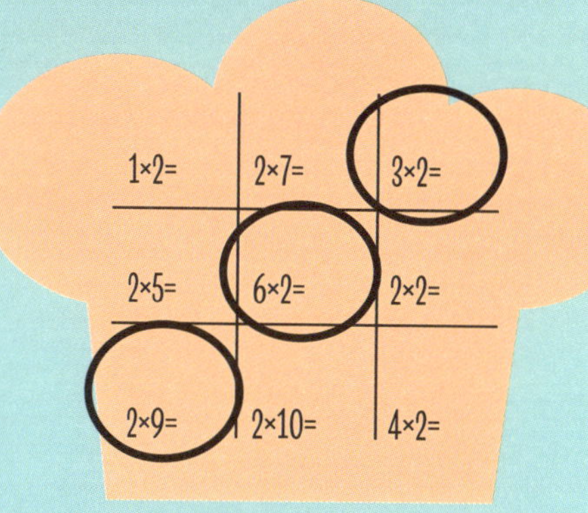

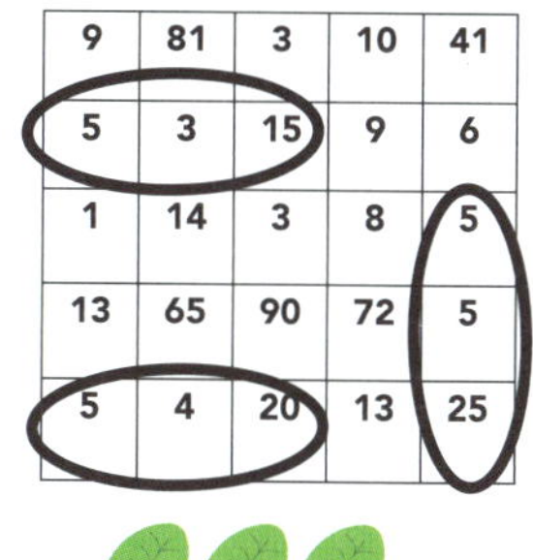
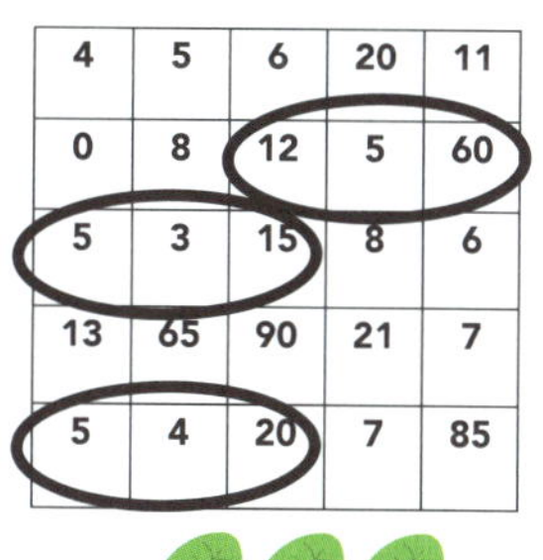
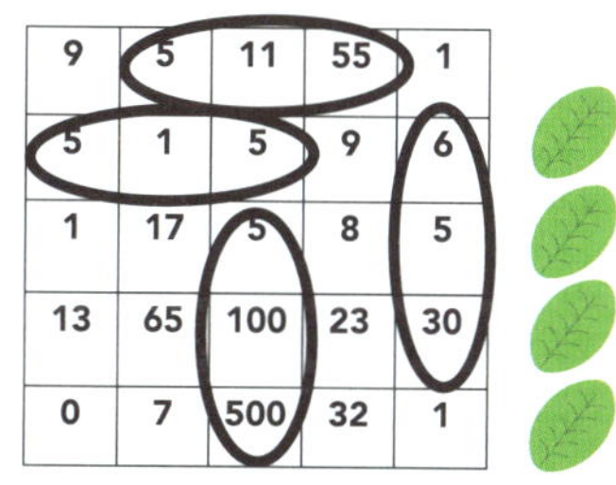

예)
5×9=45	3×15=45	2×7=14
13×8=104	3×8=24	6×4 =24
6×15=90	4×7 =28	
2×15=30	6×5=30	8×9=72

58쪽

1. 60 / 3 / 63
2. 120 / 6 / 126
3. 10, 40 / 4, 16 / 56

4.
$$\begin{array}{r} 73 \\ \times\ 2 \\ \hline 6 \\ 140 \\ \hline 146 \end{array}$$

5.
$$\begin{array}{r} 52 \\ \times\ 6 \\ \hline 12 \\ 300 \\ \hline 312 \end{array}$$

59쪽

6.

7. 31×4=124, 124개
8. 18×3=54, 54장
9. 7
10. 4
11. 8

60쪽

12. 268
13. 193
14. 237
15. 103
16. 143
17. 215

18. (○) (　)　　19. (　) (○)　　20. 60÷4=15, 15개

21. 72÷3=24, 24개　　22. 128÷8=16, 16개

23. $\dfrac{1}{3}$, 3분의 1　　24. $\dfrac{3}{4}$, 4분의 3　　25. $\dfrac{3}{5}$, 5분의 3　　26. $\dfrac{5}{6}$, 6분의 5

27. $\dfrac{2}{10}$, $\dfrac{5}{10}$, $\dfrac{7}{10}$, $\dfrac{9}{10}$

28.

29. (1) 5 (2) 20

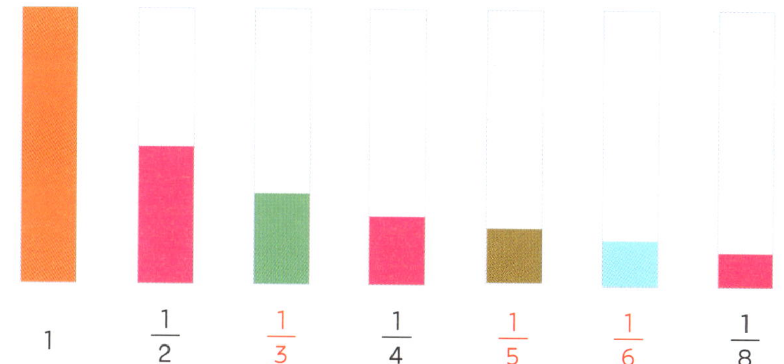

30.

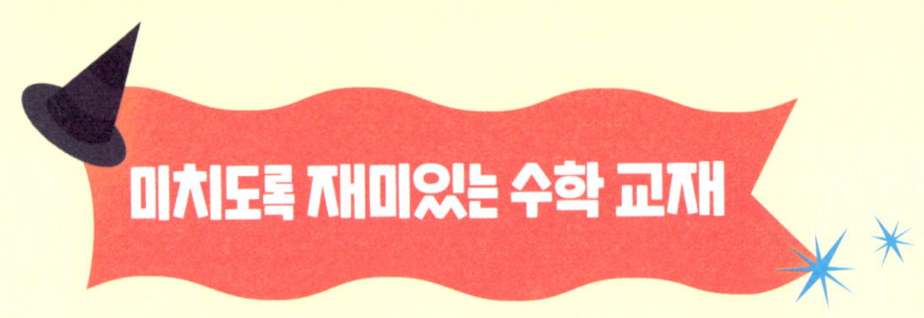

수빠맨 과 함께하는 초등 수학 학습 로드맵

쉽고 재미있게 초등 수학 전 과정을 배워 보세요.

초등 수학 교육 과정

수와 연산	도형과 측정
변화와 관계	자료와 가능성

영역	권	권 제목	세부 영역	학습 주제	권장 학년	학습 내용
수와 연산 기본	1	숫자 영웅들의 수학 모험	수와 연산	·수 ·도형 기초	1학년	· 0에서 9까지 수 익히기 · 여러 가지 선 알기 · 평면도형 개념 알기 · 도형의 안과 밖 깨치기
	2	덧셈 뺄셈 몬스터 왕국	수와 연산	·덧셈과 뺄셈 기초	1학년	· 두 자리 수 익히기 · 모양과 크기가 같은 도형 찾기 · 덧셈식과 뺄셈식의 기초
	3	나무마니 마을의 더하기 빼기	수와 연산	·덧셈과 뺄셈 심화	1학년	· 세 수의 덧셈식과 뺄셈식 · 100까지 수 익히기 · 좌표 읽기 기초 · 묶어 세기
	4	곱셈구구 나라의 비밀	수와 연산	·곱셈과 나눗셈 기초	2학년	· 곱셈구구 · 곱셈식과 나눗셈식 · 복잡한 계산식 쉽게 풀기
	5	사칙연산 바다를 지켜라	수와 연산	·사칙연산 기초	2학년	· 연산 규칙 찾기 · 여러 가지 방법으로 복합 사칙연산 하기 · 덧셈과 뺄셈의 관계를 식으로 나타내기
	6	곱셈 공장 수리 작전	수와 연산	·사칙연산 심화	2학년 ~ 4학년	· 곱셈·나눗셈 세로식 풀이 · 곱셈의 교환법칙과 결합법칙 · 약수와 배수 · 나눗셈의 몫을 곱셈식으로 구하기

영역	권	권 제목	세부 영역	학습 주제	권장 학년	학습 내용
수와 연산 심화	7	곱셈 나눗셈으로 요리를 뚝딱	수와 연산	· 곱셈과 나눗셈 심화 · 분수 기초	3학년 ~ 5학년	· (몇십)×(몇)을 구하기 · (몇십)÷(몇)을 구하기 · 똑같이 나누기 · 분수로 나타내기 · 단위분수 개념
	8	분수 도둑을 잡아라	수와 연산	· 분수	3학년 ~ 5학년	· 분자와 분모 · 크기가 같은 분수 만들기 · 분수 크기 비교 · 분수 계산
	9	소수 해적단의 바다 탐험	수와 연산	· 소수 · 백분율	3학년 ~ 6학년	· 소수 개념 · 소수 크기 비교 · 소수 계산 · 백분율 개념과 분수를 백분율로 치환하기
	10	수학 마법의 성에서 규칙 찾기	수와 연산	· 사고력 연산	2학년 ~ 5학년	· 수 배열 규칙 찾기 · 읽고 이해해서 푸는 문해력 연산 · 연산식으로 암호 풀기 · 연산 미로

영역	권	권 제목	세부 영역	학습 주제	권장 학년	학습 내용
도형과 측정, 변화와 관계, 자료와 가능성	11	공룡을 재는 여러 단위	측정	· 길이 · 들이 · 무게 · 시간	2학년 ~ 3학년	· 길이, 넓이, 무게, 들이의 단위 · 기호를 숫자로 나타내기 · 시간과 시계 읽는 법 · 섭씨 온도와 화씨 온도
	12	규칙 유령이 사는 집	변화와 관계	· 규칙과 추론	2학년 ~ 4학년	· 수 배열 규칙 추론 · 계산식에서 규칙 추론 · 무늬에서 규칙 추론 · 도형의 배열에서 규칙 추론
	13	도형과 함께 우주 탐험	도형	· 도형 · 공간	3학년 ~ 6학년	· 선의 종류(선분과 직선) · 각과 직각 · 평면도형 · 정다면체 · 대칭이동과 회전이동, 평행이동
	14	숫자와 그래프로 마을을 구하라	자료와 가능성	· 그래프 · 집합	3학년 ~ 6학년	· 표와 그래프 읽기 · 자료 조사와 표, 그래프로 나타내기 · 벤 다이어그램과 집합 · 비례식

글 | 테크노사이언스

박물관, 기업 등 수많은 기관을 대상으로 수학, 과학, 기술, 환경 등의 정보를 전파하는 데 15년 이상 참여해 온 작가 및 교육자 집단입니다. 이들이 만든 책은 세계 여러 나라에서 출판되었으며 생각과 행동, 감정의 변화를 이끌어내고 있습니다.

그림 | 아그네세 바루치

ISIA(최고예술산업연구소)에서 그래픽을 공부했습니다. 2001년부터 일러스트레이터이자 작가로 활동하고 있으며 청소년을 위한 책들을 출판했습니다.

감수 | 송용진

한국을 대표하는 위상수학자입니다. 서울대학교 수학과를 졸업하고 미국 오하이오주립대에서 박사학위를 받았습니다. 오랫동안 영재교육과 수학올림피아드에 대한 일을 해 왔으며 지금은 국제수학올림피아드 선출직 위원(IMO Board Member)으로 활동하고 있습니다. 쓴 책으로 《수학은 우주로 흐른다》, 《영재의 법칙》, 《수학자가 들려주는 진짜 논리 이야기》 등이 있습니다.

WS White Star Kids® is a registered trademark property of White Star s.r.l.
© 2024 White Star s.r.l.
Piazzale Luigi Cadorna, 6
20123 Milan, Italy
www.whitestar.it

Korean translation copyright © 2025 Dasan Books
This Korean translation edition published by arrangement with White Star s.r.l. through LENA Agency, Seoul.
All rights reserved.

11쪽: 요리 비법책

| 99 | 84 | 96 | 82 |
| 10 | 70 | 36 | 100 |

13쪽: 재료 확인!

14~15쪽: 조리 도구 찾기

884 120 83 105

19쪽: 달걀의 비율

1728 1113 4421 1261

20쪽: 숟가락이 필요해!

20쪽: 숟가락이 필요해!
8
54
448
26
22쪽: 채소 씻기
27
150
16
48
12
13
9
73
65
81
88
12
32~33쪽: 뒤죽박죽 채소 다듬기

23

84

71

14

36

160

42

7

66

110

75

18

90

16

80

100

24

87

72

15

45쪽: 샐러드 만들기

45쪽: 샐러드 만들기

50~51쪽: 바삭한 파이

52~53쪽: 마음을 나누는 머랭

54~55쪽: 오픈 준비를 하자!

21X3=

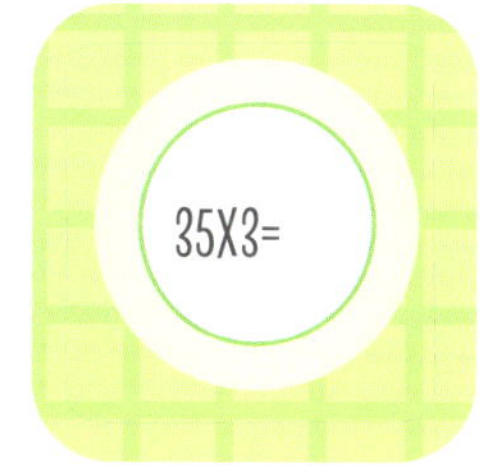
35X3=

13X10=

15X7=

10X13=

21X5=

130X1=

7X9=

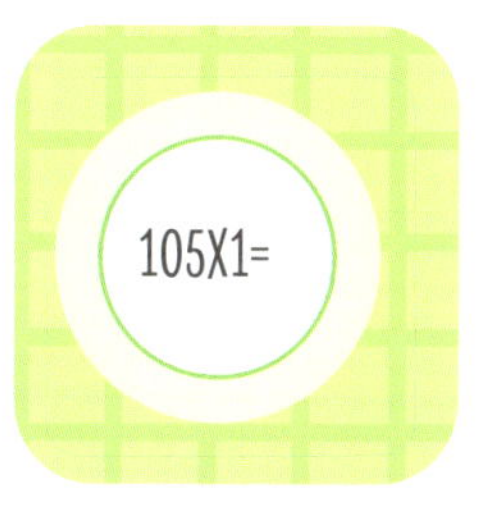
105X1=

1X63=

9X7=

26X5=

56쪽: 하나, 둘, 셋, 찰칵!

18

100

64

5

49

36

24

9

20

4

11

81

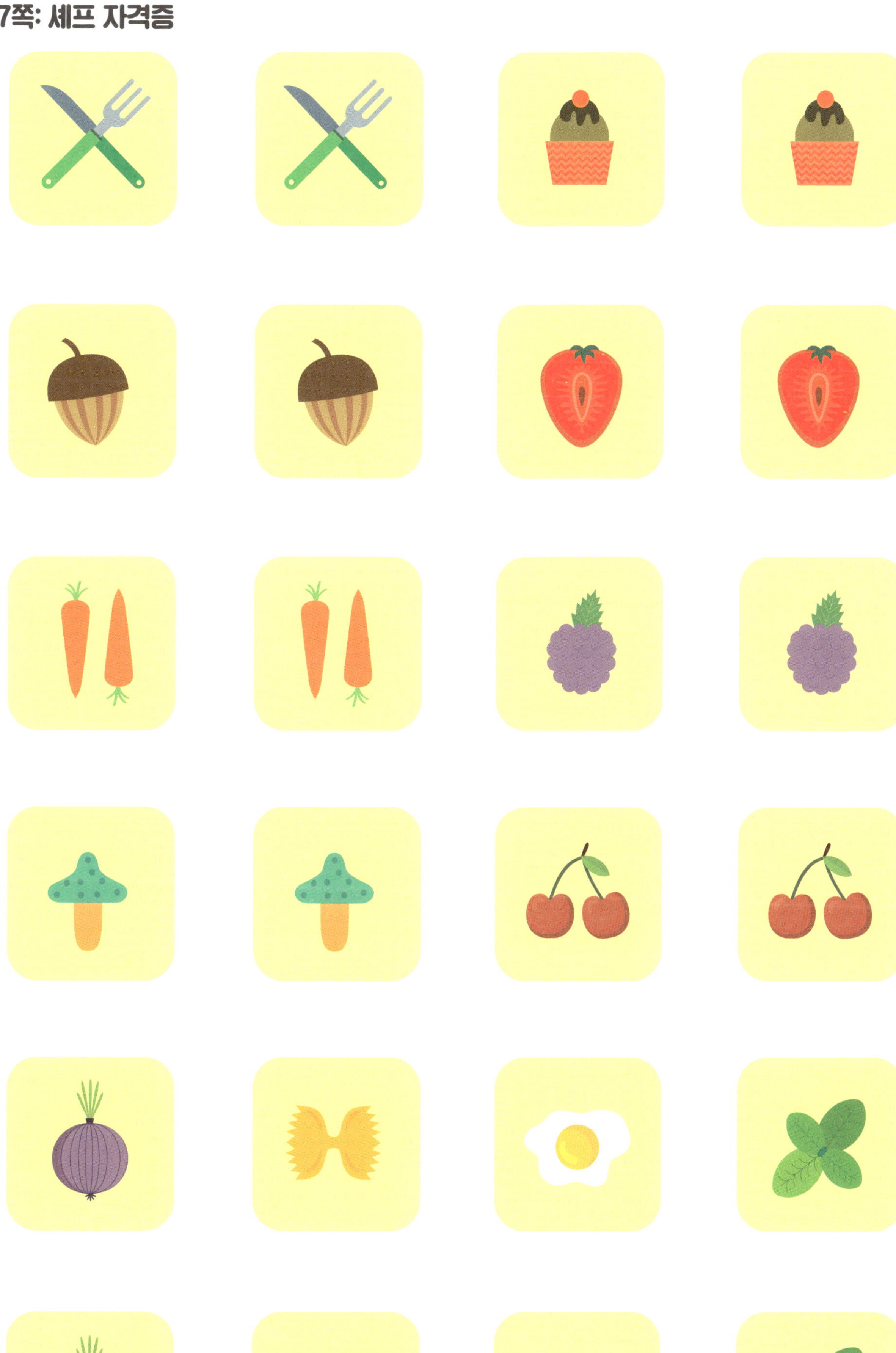